まえがき

　本書は，物質科学や材料工学を選択した大学生へ向けて，高校の物理や化学における物質・物性に関わる教科から，大学で教える化学熱力学（特に相平衡，化学平衡，溶液）への移行ができるだけなめらかに行えるように意識して執筆したものである。

　高校の物理や化学の教科書を見ると，熱力学に関連する事項が一部重複しながら物理と化学の随所にちりばめられている。筆者が高校生だったころのおぼろげな記憶として，理想気体の状態方程式が物理でも化学でも繰り返し教えられたことに対して，若干の違和感があったことを覚えている。大学の専門課程において化学熱力学の講義を受け，すべてが物質とエネルギーの関係に由来することを理解して初めて，その違和感は解消したのである。

　高校や大学の初等教育において，物理と化学にそれぞれどのような項目が含まれているか挙げてみよう。

　　物理：仕事とエネルギー（サイクルを含む），理想気体の状態方程式

　　化学：理想気体と実在気体，物質の相変化，化学平衡

これらは，熱力学を物理と化学に分けたことにより必然的に発生したことであるが，本来はどちらも熱力学（より具体的には化学熱力学）に内包されるべき内容である。大学における化学熱力学の講義は，それまで二つの場所に分けられていた知識が統合され，新たに壮大かつ精緻な世界が再構築されるという興奮を経験する機会の一つであり，おそらく多くの理工系の学生にとってその最初の機会であろう。筆者は大学1年生向けの熱力学の講義を担当しているが，その講義の中で「これはドラマや映画で例えれば，生き別れになった家族や恋人が再び出会うクライマックスシーンだ！」と力説することがあるが，話術に乏しいためか学生への"うけ"は今一つのようである。

まえがき

　熱力学のよいところは，取り扱う内容のほとんどが日常の経験に基づいている点であり，理工系にかぎらずすべての学生にとってきわめてなじみ深い内容である点にある．加えて，多変数の関数を抽象的に取り扱う方法にさえ慣れてしまえば，それ以降の計算は掛け算と足し算（と $1/x$ の積分）を組み合わせることでほとんどの答えが導けてしまう．また，得られた結果は，化学物質の合成や合金など工業製品の生産現場においてつねに考えなければならない事柄である．

　ここまでは大学で講義をする側の視点であるが，大学に入学して講義を受ける側，すなわち学生の側に視点を移してみよう．大学生として新たな世界に胸を膨らませた理工系の学生が最初に直面するのは，記憶を主体とした高校の理科から定義と論理展開を主体とした大学の科学へのパラダイム変換を強制されることである．このストレスを切り抜けるための一助となるべく，数式を用いた論理の展開についてできるだけ丁寧な記載をするとともに，できるかぎり数式をグラフ化し，図形的なイメージをもてるように心掛けた．また，（筆者もそうなのだが）文章を読みながら話を追っているときにページをさかのぼって前出の数式を探すのはそれなりのストレスとなるので，数式の重複を嫌わずにできるだけ読んでいるページの中で理解が進むように心掛けた．その一方で，厚い本は学生の意欲をはじめからそいでしまうので，全体としては薄く短くなるように心掛けた．その相反の結果として内容を絞らざるを得なくなり，化学熱力学の必須項目として説明すべき内容（特に電気化学や速度論など）の多くを割愛せざるを得なかった．それらのより進んだ内容を知る際には巻末の参考書をはじめ，多くの良書が出版されているのでそちらをおすすめする．

　読者が最も頭を悩ます演習問題はなにかといえば，それは答えのない問題である．その観点から，各章の章末にはあえて明確な答えの出ない問題をいくつか挙げている．それらの完全な正解は存在しないので，自分の解答が正しいかどうか確認するのは解答者の仕事である．

　熱力学で取り扱うほとんどの関数は多変数の関数である．そのことが数式の取扱いを難しくしているが，その一方で熱力学の関数の多くは（モル数を一定

材料の熱力学 入門

博士(理学) 正木 匡彦 著

コロナ社

にするなどの工夫はいるが）3次元の曲面として表すことができる。したがって，熱力学の計算は，ある関数を表す曲面の傾きが別の熱力学量に置き換わる，ということに対応する。物理や化学における数式を理解する際に，自分自身でその数式をグラフに置き直してみるのが一番の近道である。本書のグラフの多くを誰もが入手可能なフリーウェアのgnuplot（version 5.2）を用いて作成した。出版社のご好意により，図を作る際のスクリプトをダウンロードできるようにしていただいたので，図を眺めるだけでなく自分自身でそのグラフを作成し，数式の定数や変数を変えたときにそれがどのように変わっていくのかをぜひ試みていただきたい。また，いくつかの章末問題にも挙げたが，3次元の曲面として表した熱力学の関数については，解答例の一つとして紙製の模型の展開図を作成し，このデータもダウンロードできるようにした†。少々細かい作業が必要となるが，作成していろいろな角度からその曲面を眺めれば，思わぬ発見がそこからあるかもしれない。

　本書の内容はオーソドックスな熱力学に基づいているため，特定のデータなどを除き出典の引用をしなかった。その代わりとして，巻末には本書を書く際に参考とした書籍を記載させていただいた。

　最後に，本書を出版する機会を与えていただき，また筆者の遅筆を辛抱強く待っていただいたコロナ社に深く感謝する。また，3次元模型の動作試験と耐久試験を自発的に行ってくれた娘と息子，本書の最初の読者となってくれた私の研究室の学生たち，そして，いつも支えてくれている妻に心から感謝する。

2018年11月

正木　匡彦

---

† 詳細は，コロナ社Webページの本書紹介ページを参照。

目　　　次

1. 物理の復習

1.1　物質とエネルギー ……………………………………………………… 1
1.2　仕事とエネルギー ……………………………………………………… 4
1.3　経験的な熱力学量 ……………………………………………………… 6
　1.3.1　温　　　度 …………………………………………………………… 6
　1.3.2　圧　　　力 …………………………………………………………… 8
　1.3.3　体　　　積 …………………………………………………………… 9
　1.3.4　物質の量（モル数） ………………………………………………… 9
　1.3.5　示量性と示強性 ……………………………………………………… 10
1.4　理　想　気　体 ………………………………………………………… 10
　1.4.1　ボイル・シャルルの法則 …………………………………………… 10
　1.4.2　理想気体の状態方程式 ……………………………………………… 13
1.5　気体分子の運動 ………………………………………………………… 15
1.6　熱力学第一法則と熱機関 ……………………………………………… 20
1.7　物理から熱力学へ ……………………………………………………… 23
章　末　問　題 ……………………………………………………………… 23

2. 化学の復習

2.1　物質の三態と状態変化 ………………………………………………… 24
2.2　理想気体と実在気体 …………………………………………………… 30
2.3　液体と固体 ……………………………………………………………… 33

2.4 溶　　　　液	34
2.5 化学反応とエネルギー	35
2.6 化　学　平　衡	36
2.7 金属元素の性質	38
2.7.1 アルミニウム	39
2.7.2 ス　ズ，　鉛	39
2.7.3 　　鉄	39
2.7.4 銅，　銀	40
2.7.5 ケ　イ　素	41
2.8 化学から化学熱力学へ	42
章　末　問　題	42

3. 熱力学で使用する数学の準備

3.1 微分と導関数	44
3.2 定積分と不定積分	46
3.3 微分・積分の公式	49
3.3.1 自然対数と $1/x$ の積分	49
3.3.2 部　分　積　分	49
3.3.3 合成関数の積分	50
3.3.4 導関数の積分	50
3.4 偏微分と全微分	52
3.5 完全微分の公式	57
章　末　問　題	59

4. 内部エネルギーと熱力学第一法則

4.1 系　と　外　界	60

4.2 熱 と 温 度……………………………………………………… *61*
4.3 熱容量と比熱…………………………………………………… *64*
4.4 物質に対する仕事……………………………………………… *66*
4.5 熱力学第一法則………………………………………………… *71*
    4.5.1 体積一定のときのエネルギーの変化……………………… *72*
    4.5.2 圧力一定のときのエネルギーの変化……………………… *74*
    4.5.3 温度一定のときのエネルギーの変化……………………… *75*
4.6 状態量としての内部エネルギー……………………………… *76*
4.7 平衡状態と状態量……………………………………………… *78*
4.8 Δ と δ と d………………………………………………… *80*
章 末 問 題………………………………………………………… *81*

5. エントロピーと熱力学第二法則

5.1 理想気体の断熱可逆変化……………………………………… *82*
5.2 理想気体のカルノーサイクル………………………………… *85*
5.3 エントロピー…………………………………………………… *88*
5.4 熱力学第二法則………………………………………………… *93*
5.5 外界との熱のやり取りとクラウジウスの不等式…………… *97*
5.6 熱力学第二法則と平衡条件…………………………………… *98*
5.7 理想気体の断熱自由膨張……………………………………… *100*
5.8 理想気体の混合のエントロピー……………………………… *102*
章 末 問 題………………………………………………………… *104*

6. 化学ポテンシャル

6.1 開放系の内部エネルギーと化学ポテンシャル……………… *105*
6.2 開放系の平衡条件……………………………………………… *107*

6.3　示量性状態量と示強性状態量 …………………………………… *108*
6.4　独立変数と従属変数 ………………………………………………… *109*
6.5　ギブス・デュエムの関係 …………………………………………… *111*
6.6　ギブスの相律 ………………………………………………………… *112*
6.7　基本方程式 …………………………………………………………… *113*
章　末　問　題 …………………………………………………………… *116*

7.　自由エネルギー

7.1　内部エネルギーとエンタルピー …………………………………… *117*
7.2　自由エネルギー ……………………………………………………… *119*
7.3　熱力学関数と平衡条件 ……………………………………………… *122*
7.4　マクスウェルの関係式 ……………………………………………… *124*
7.5　ギブス・ヘルムホルツの関係 ……………………………………… *127*
7.6　多成分系への拡張 …………………………………………………… *128*
7.7　理想気体 U, H, F, G ………………………………………………… *129*
章　末　問　題 …………………………………………………………… *134*

8.　相　平　衡

8.1　純物質の相平衡 ……………………………………………………… *136*
8.2　ファンデルワールス状態方程式と気相―液相平衡 ……………… *141*
8.3　多成分系の相平衡 …………………………………………………… *150*
8.4　準安定と過冷却 ……………………………………………………… *154*
章　末　問　題 …………………………………………………………… *160*

9. 化 学 平 衡

9.1 キルヒホッフの法則 ……………………………………………… *161*
9.2 標準生成ギブス自由エネルギー ………………………………… *169*
9.3 理想気体の化学ポテンシャル …………………………………… *171*
9.4 化学平衡と平衡定数 ……………………………………………… *174*
9.5 異相の混在する化学平衡 ………………………………………… *181*
9.6 自由エネルギー温度図 …………………………………………… *182*
章 末 問 題 ……………………………………………………………… *191*

10. 溶　　　液

10.1 非理想気体の化学ポテンシャル ………………………………… *193*
10.2 溶液の化学ポテンシャル ………………………………………… *194*
10.3 ラウール則とヘンリー則 ………………………………………… *196*
10.4 沸点上昇と凝固点降下 …………………………………………… *200*
10.5 浸 透 圧 ………………………………………………………… *203*
10.6 部 分 モ ル 量 …………………………………………………… *205*
10.7 理想溶液と過剰量 ………………………………………………… *208*
10.8 合金状態図と正則溶液モデル …………………………………… *211*
章 末 問 題 ……………………………………………………………… *221*

参 考 文 献 ……………………………………………………………… *222*
索　　　引 ……………………………………………………………… *224*

1 物理の復習

高校の物理ではエネルギー，熱，仕事の関係について示され，つづいて理想気体の状態方程式や比熱，最終的に熱機関の効率までが解説されている。なぜ，ここで理想気体の状態方程式が現れるのだろうか。化学の中で説明される理想気体の状態方程式となにが同じでなにが異なるのだろうか。

1.1 物質とエネルギー

熱力学の目的の一つに，物質とエネルギーの関わりを明らかにすることが挙げられる。日常生活では，さまざまな意味でエネルギーという語句が用いられているが，エネルギー本来の意味は，「物理的な仕事をなしうる諸量（運動エネルギー・位置エネルギーなど）の総称（広辞苑第五版）。」である。物体に力を働かせて動かしたとき，その力と距離の積を力学的な仕事と呼ぶが，他の物体に力を働かせて移動させることのできる潜在的な能力が**エネルギー**である。

図1.1に示すように，ある速度をもって運動している物体は，別の物体と衝突することにより衝突された物体を動かすことができる。この潜在的な能力を運動エネルギーという。また，高いところにある物体は，そのままでは他の物体に仕事をすることはないが，落下することで速度をもつため運動している物体と同様の能力をもつ。これを位置エネルギーという。これらのエネルギーをもつ物体は，われわれが直観的に把握しやすいため，中学の理科や高校の物理・化学においてはじめに導入されるエネルギーの形態である。

力学的な仕事は，(物体に加えた力) × (移動させた距離) で求められる。こ

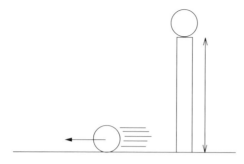

図1.1 位置エネルギーと運動エネルギー

の力学的仕事はエネルギーに変えることができる。例えば，地上にある物体をある高さまで持ち上げるには，重力に逆らって上向きの力を働かせてある高さまで移動させなくてはならない。その仕事の大きさと，持ち上げられた物体の位置エネルギーは等価なものとして考えることができ，高所に移動させた物体は，そこまでの仕事の分だけのエネルギーをその物体に蓄えたとみることができる。当然，そのエネルギーは物体を落下させることにより再び仕事へと変換させることができる。

われわれの周囲では，エネルギーはさまざまな形に姿を変えて存在している。例えば，燃料を燃焼させることで自動車や航空機を動かすことができるが，そこでは燃料を燃やすことでエネルギーを取り出し，それを自動車や巨大な飛行機を移動させるという仕事に変えている。また，ウランなどの核燃料物質はその原子核が分裂することにより膨大なエネルギーを発生する。これらの多くの場合において，エネルギーを仕事に変える際には，まず"熱"を得て，それをさまざまな物質に受け渡していき，最終的に"仕事"を得るという手順を踏んでいる。

熱を受け取った高温の物体は，他の物体に仕事をする潜在的な能力を有する。高温の物体は，高所にあるわけでもなく，また高速で移動しているわけでもないが，熱機関と呼ばれる特殊な機械を使うことにより，他の物体に仕事をすることができる。熱機関は，図1.2に示すように，高温の物体内から"熱"という形でエネルギーを受け取り，気体の体積膨張などを利用してそれを仕事に変える機械である。

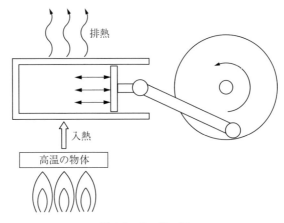

図 1.2 熱 機 関

　一般に物体は物質から構成され，さらに物質は原子や分子から構成されている。すなわち，どんな形であっても物体にエネルギーが蓄えられるということは，物質を構成する原子や分子にそれが蓄えられるということになる。最初に述べた運動エネルギーや位置エネルギーは，原子や分子の集団を塊として並進運動させた場合や並行移動させた場合に相当する。一方，高温の物体に蓄えられたエネルギーは，個々の分子の運動エネルギーや位置エネルギーに形を変えている。

　物質にエネルギーを出し入れするということは，個々の分子のもつエネルギーを増減させることと等価であるが，そのエネルギーの増減は物質そのものにもなんらかの変化を生じさせる。例えば，氷を加熱すると 0℃ で水に変わり，またある場合には，分子が二つ以上の異なる分子に分解したり，逆に複数の分子が結合して別の分子へと姿を変えたりする。

　このように，熱や仕事とエネルギーとの関係を取り扱うのが熱力学である。熱力学は，熱を仕事に変えるための熱機関を中心に取り扱うものと，物質とエネルギーとの関わりを中心に取り扱うものとに分けられるが，本書は後者であり，材料を構成する物質に焦点を当てて，その物質の示す性質とエネルギーとの関係について述べる。

4　　1. 物理の復習

1.2　仕事とエネルギー

　静止した物体や等速直線運動をする物体は，外部からなにかをされないかぎりその状況を継続する。これは**慣性の法則**と呼ばれ，静止した物体を動かす際や，運動している物体を加速・減速させる際には，物体になんらかの方法で力を働かせる必要があることを示している。その力を働かせるには，障壁へ物理的に衝突させることや，電磁気学的な引力・反発力，さらには空気抵抗や重力など，さまざまな方法が挙げられる。

　物体の運動を考える場合，物体の位置座標を時間の関数として表しておくと便利である。話を簡単にするため，物体が直線上を移動するような1次元の運動を考える。物体の位置は時間の関数として $x(t)$ と表される。物体が時刻 t_0 から $t_0+\delta t$ の間に距離 $x(t_0)$ から $x(t_0+\delta t)$ まで移動したとき，時刻 t_0 における物体の**速度** $v(t_0)$ は，以下のように表される。

$$\begin{aligned} v(t_0) &= \lim_{\delta t \to 0} \frac{x(t_0+\delta t) - x(t_0)}{(t_0+\delta t) - t_0} \\ &= \left(\lim_{\delta t \to 0} \frac{\delta x(t)}{\delta t}\right)_{t=t_0} = \left(\frac{dx(t)}{dt}\right)_{t=t_0} = \dot{x}(t_0) \end{aligned} \quad (1.1)$$

速度は距離の変化を時間で割った量であるから [長さ/時間] の次元をもつ。SI単位系では [m/s] である。時間の経過に沿って時刻 t_0 を変えながらすべての時刻について $v(t_0)$ を求めると，物体の速度を時間の関数 $v(t)$ として表すことができる。なお，この $v(t)$ は $x(t)$ の時間に関する導関数である。等速直線運動では $v(t)$ は時間によらない定数となる。時間とともに速度が変化するような場合，**加速度** $a(t)$ は以下のように表される。

$$\begin{aligned} a(t) &= \lim_{\delta t \to 0} \frac{v(t+\delta t) - v(t)}{(t+\delta t) - t} \\ &= \left(\lim_{\delta t \to 0} \frac{\delta v(t)}{\delta t}\right) = \left(\frac{dv(t)}{dt}\right) = \dot{v}(t) \end{aligned} \quad (1.2)$$

加速度の単位は [速度/時間] = [長さ/時間^2] の次元をもち，SI単位系では

[m/s^2〕である。等速直線運動では，加速度 $a(t)$ はゼロとなる。物体に力が働くと速度が変化し，加速度が 0 以外の値をもつことになる。**力** F と加速度 a の関係は，**ニュートンの運動方程式**を用いて以下のように表される。

$$F = Ma \tag{1.3}$$

ここで M は物体の質量である。力の単位は，[質量 × 加速度] = [質量 × 長さ/時間^2] の次元をもち，SI 単位系では，1 kg の物体に 1 m/s^2 の加速度を生じさせるだけの力を 1 N（**ニュートン**）としている。

静止した物体に力を加えてある距離を移動させたとき，力 F と移動距離 Δx の積を**仕事**と呼び以下のように表す。

$$W = F\Delta x \tag{1.4}$$

仕事の単位は [力 × 距離] の次元をもち，SI 単位系では 1 N の力で物体を 1 m 動かしたときの仕事の大きさを 1 J（**ジュール**）としている。

地上から高さ h のところにある質量 M の物体の**位置エネルギー** E_P は，重力加速度 g（= 9.8 m/s^2）を用いて以下のように表される。

$$E_P = Mgh \tag{1.5}$$

ここで，Mg は重力に逆らって質量 M の物体を持ち上げるのに必要な力であり，h はその力を働かせながら移動させた距離であるから，位置エネルギーは [力 × 距離] の次元をもつ量である。これは，仕事と同じ次元であることから，位置エネルギーについても仕事と同じ単位を使うことができる。SI 単位系では位置エネルギーの単位に〔J〕を用いる。

先ほどの物体を地上まで落下させたときの速度を v とすると，そのときの**運動エネルギー** E_K は以下のように表される。

$$E_K = \frac{1}{2}Mv^2 \tag{1.6}$$

エネルギー保存の法則から $E_P = E_K$ であるから運動エネルギーについても仕事と同じ単位を用いることができる。なお，両者のエネルギーの次元についても [質量 × 速度^2] = [質量 × 距離/時間^2 × 距離] = [力 × 距離] であり等しい。

これらのエネルギーは，古典力学と呼ばれる範囲において，物体に働く力の種類がクーロン力などの電磁気的な力に変わっても，また物体の大きさが天体レベルや分子・原子レベルの世界であっても，同じ方法で計算することができる。なお，分子・原子の世界では量子力学を用いなくてはならない場合があるが，熱力学を考える際には，ほとんどの場合において古典力学の範囲で議論が成立する。

物質は約 10^{23} 個の分子・原子の集団であるが，個々の分子や原子のもつ位置エネルギー，運動エネルギーを平均すると，われわれの目にする物体の性質（例えば，温度や圧力など）が現れてくる。

1.3 経験的な熱力学量

生物は，自身の置かれている環境，例えば気温や気圧などを把握するためにさまざまな感覚器官を進化させてきた。それは生命の存続と環境が密接に関わっているためであり，われわれもほとんど自覚することなしに，それらの器官を使用して生命の危機が及ばないようにしている。熱力学で考えるような物質の中の分子や原子のもつエネルギーは，体積，圧力，温度などの感覚的な量を手掛かりにして経験的に見出されてきた。

1.3.1 温度

われわれが体感する「熱い」や「冷たい」を表す尺度として**温度**がある。一般には，摂氏温度〔℃〕や華氏温度〔°F〕などのわれわれが生活をする上で使いやすいように選んだ温度を使用するのが普通である。日本では摂氏温度が広く一般に用いられており，1気圧において水の凝固点を0℃，沸点を100℃とし，それを1/100にしたものを1℃と決めている。

水の凝固点（氷点）よりも下の温度を氷点下何度といい表すが，温度は無限に下げられるわけではなく，ある下限が存在する。その下限を**絶対零度**と呼び，摂氏温度の目盛りを用いると−273.15℃がその下限の温度となる。この下

限の温度は，5.2節で後述するカルノーサイクルの効率が1となる場合の低温熱源の温度に相当する。その下限の温度を0とし，摂氏温度の1℃の大きさを目盛りとして決めた温度を**絶対温度**と呼び，その単位として〔K〕を用いる。**図1.3**に示すように，0℃は絶対温度では約273 K であり，100℃は約373 K である。

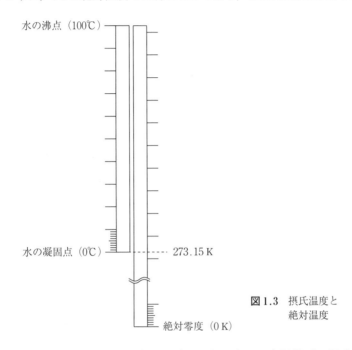

図1.3 摂氏温度と絶対温度

25℃付近の温度を**常温**または**室温**と呼ぶことがある。室温付近の温度を知るには，液体の体積膨張を利用した温度計や，金属や半導体の電気抵抗を利用した温度計が用いられる。これらの温度は，純粋な物質の融点などの基準となる温度を基に相対的に決められた温度である。金属の融解や，高温で化学反応が行われる際の1 200℃くらいまでの温度計測には，**熱電対**が用いられる。熱電対は，2種類の金属の接点に生じる起電力を基に温度を決めるものである。それよりも高温の測定には放射温度計がよく用いられる。高温の物質は赤外線から可視光の範囲の光を放出するので，その波長分布から温度を知ることができる。

1.3.2 圧　　　力

ほとんど意識することはないが，われわれは地球の重力にとらわれた気体である大気の底で生活をしている。われわれの体（だけでなく周囲の物体）には，この大気の重さが圧力として働いている。圧力は気体や液体のような流体を媒体として働く場合には，あらゆる方向から同じように（等方的に）かかることがわかっている。圧力の大きさは，単位面積に垂直に働く力の大きさで定義される。SI 単位計では，$1\,m^2$ に 1 N の力がかかっているときの圧力の大きさを 1 Pa（パスカル）としている。先ほどの大気圧は，パスカルを単位として用いると 1 気圧 (1 atm) = 101 325 Pa となる。

通常の大気圧 (1 atm) の状態を**標準状態**と呼ぶことがある。1 気圧付近の圧力を知るには，**図 1.4** に示すように，水銀柱の高さや，ダイヤフラムと呼ばれる金属隔壁の変形を利用する。圧力が非常に低くほぼ真空であるときは，イオンゲージと呼ばれる真空計が使用される。これは，フィラメントから飛び出した電子が途中のガスをイオン化し，そのイオンが電極まで到達した量（電流

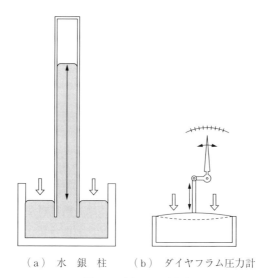

（a）水　銀　柱　　（b）ダイヤフラム圧力計

図 1.4　大気圧の測定法

量）から真空度（圧力）を求める方法である。逆に，固体の結晶構造が変化するような非常に高い圧力の測定には，圧力によるルビーの蛍光の変化を利用する。

固体を媒体とした場合，単位面積に働く力として2種類の量を考えることができる。一つは先ほどと同じ，面に対して垂直な方向の力であり，もう一つは面に対して平行な方向の力である。前者を**垂直応力**と呼び，後者を**剪断応力**と呼ぶ。固体に対する変形やひずみのエネルギーを考える場合に，これらの量が用いられる。

1.3.3 体　　　積

考えている対象が占める空間的な大きさをその物体の**体積**と呼ぶ。われわれは視覚や触覚を手掛かりに物体の大きさを決めている。われわれのいる3次元の空間では，体積の次元は長さの3乗であり，SI単位系では$[m^3]$である。固体や液体のような表面をもつような対象の場合，その表面が囲む空間の大きさが体積となる。液体の体積を決める際には，基準の体積を基に目盛りを振った容器（メスシリンダーなど）がよく用いられる。内部に空隙のない固体についてはアルキメデス法を用いることができる。また，X線構造解析から結晶の原子間距離を求め，それから体積を決めることもできる。気体のように表面をもたない対象では，それを入れるための容器が必ず必要となる。特に，熱力学の基礎の段階では気体（多くの場合は理想気体）を対象として考えるが，そのときの気体の体積は，ピストンとシリンダーでつくられる容積と等しい。

1.3.4 物質の量（モル数）

われわれの生活では，物質の量を正確に決める際にはその質量を用いることが多いが，熱力学では原子の数を用いる。物質は原子から構成されており，原子1個を単位とすると使用する数字が極端に大きくなってしまうため，物質の量を表す際に**アボガドロ数** N_A（6.022×10^{23}）個の原子を1とした**モル**$[mol]$という量を使用する。グラムを単位とする純粋な元素1モルの重さは原子量と

等しい。

1.3.5 示量性と示強性

温度，圧力，体積，モル数は，熱力学を考える際の最も基本的な量である。これら四つの変数は，二つのグループに分類できる。

例えば，1気圧（大気圧），室温（20℃）の状況で二つのコップにそれぞれ1モル（18 g）の水が入っているとする。それらを大きな一つの容器の中で合わせると2倍の2モル（36 g）の水になる。このように二つ同じものを合わせると元の大きさの2倍になるような性質を**加成性**と呼び，加成性が成り立つ量を**示量性**の量と呼ぶ。18 gの水は1モルに相当する。質量とモル数は示量性の量である。18 gの水の体積はほぼ18 ccであり，合わせた後の36 gの水の体積は36 ccである。体積についても加成性が成り立つので，体積も示量性の一つと考えることができる。あとで説明する内部エネルギーやエントロピーといった量も示量性に分類される。

一方，20℃（室温）の水と別の20℃の水を合わせても，その水温は当然20℃であり40℃にはならない。このように同じものを二つ合わせたとき，大きさの変わらない量を**示強性**の量と呼ぶ。圧力も温度と同じ示強性の性質をもっている。濃度やあとで説明する化学ポテンシャルなども示強性に分類される。

1.4 理 想 気 体

1.4.1 ボイル・シャルルの法則

われわれの周囲にある物体はその温度が変化すると体積も変化し，一般に温度が高くなると体積は膨張する。固体や液体の場合の体積膨張の程度はあまり大きくないが，アルコールや水銀のような液体の体積膨張を毛細管で拡大したものが温度計として用いられている。

空気のような気体の場合は，温度変化に伴う体積膨張はより顕著であり，圧力を一定に保った状態で温度を2倍にすると体積もほぼ2倍になることがさま

ざまな実験データにより示されている。この関係を理想化したものが**シャルルの法則**であり，圧力 P が一定の条件の下で絶対温度で表した温度 T と体積 V が比例関係になる。

$$\frac{V}{T} = C_1 \tag{1.7}$$

ここで C_1 は比例定数である。この C_1 は圧力を一定としたときの圧力の値によって異なる定数となるため，圧力を変数とする関数とみることができる。それを明示する場合には $C_1(P)$ と書く。

図1.2のピストンとシリンダーで囲まれた空間のように，気密を保ったまま体積を変えられるような装置を**圧縮機**と呼ぶ。このような圧縮機を用いて気体を圧縮すると，気体の体積は小さくなり，その一方で圧力は増加する。多くの気体において，温度一定の条件の下で，体積と圧力の間にはほぼ反比例の関係が成り立つことが実験データにより示されている。この関係を理想化したものが**ボイルの法則**であり，以下のような式で表される。

$$PV = C_2 \tag{1.8}$$

ここで，C_2 は反比例の定数である。この C_2 は温度を一定としたときの温度の値によって異なる定数となるため，温度を変数とする関数とみることができる。それを明示する場合には $C_2(T)$ と書く。

シャルルの法則とボイルの法則は両者とも気体の圧力，温度，体積の関係を表したものであるが，以下のようにして一つにまとめることができる。まず，ボイルの法則およびシャルルの法則に従う気体を1モル準備し，その温度を T_A，圧力を P_A，体積を v_A とする†。温度を T_A に保ったまま体積を v' に変化させたときの圧力を P_B とすると，ボイルの法則から

$$P_A v_A = P_B v' \tag{1.9}$$

が成り立つ。つづいて，圧力を P_B に保ったまま，温度を T_B に変化させたときの体積を V_B とすると，シャルルの法則から

---

† 2.2節で説明するように，1モルの体積を**モル体積**と呼び，本書では v を使用する。速度（の大きさ）でも v を使用しているが，前後関係で区別はつくだろう。

$$\frac{v'}{T_A} = \frac{v_B}{T_B} \tag{1.10}$$

が成り立つ。これらの式から v' を消去すると以下の式が得られる。

$$\frac{P_A v_A}{T_A} = \frac{P_B v_B}{T_B} \tag{1.11}$$

この式は，ボイルの法則とシャルルの法則を共に満たすような気体の任意の圧力 P，温度 T，体積 v について成立するから，以下のように書き直すことができる。

$$\frac{Pv}{T} = R \tag{1.12}$$

ここで R は温度，圧力，体積に関係しない定数であり**気体定数**と呼ばれる。このように気体の圧力 × 体積/温度が定数になることを**ボイル・シャルルの法則**という。また，ボイル・シャルルの法則を厳密に満たす気体を**理想気体**と呼ぶ。

さらに n モルの気体の場合を考えよう。体積 V は示量性の変数であるから気体 1 モルの体積が v であるとき気体 n モルの体積は nv となる。一方，圧力と温度は示強性の変数であるから，1 モルが n モルになってもその値は変化しない。そこで，先ほどの式の両辺を n 倍し，さらに n モルの気体の体積を $V = nv$ とすると

$$\frac{Pnv}{T} = \frac{PV}{T} = nR \tag{1.13}$$

となる。ここで，先ほどの気体定数 R の具体的な値を求めてみよう。1 気圧，273 K（0℃）の下で理想気体 1 mol の体積は約 22.4 L（1 L = 1 000 cm^3）である。これらの数値を代入すると

$$R = \frac{1\,\mathrm{atm} \times 22.4\,\mathrm{L}}{273\,\mathrm{K}} / 1\,\mathrm{mol} = 0.082\,1\,\mathrm{L \cdot atm/(K \cdot mol)} \tag{1.14}$$

となる。また SI 単位系の場合には，1 L を $10^{-3}\,\mathrm{m}^3$ に，1 atm を 101 325 Pa に置き換えると以下のようになる。

$$R = \frac{101\,325\,\mathrm{Pa} \times 22.4 \times 10^{-3}\,\mathrm{m}^3}{273\,\mathrm{K}} / 1\,\mathrm{mol} = 8.314\,\mathrm{J/(K \cdot mol)} \tag{1.15}$$

気体定数 R の推奨値としては以下が提唱されている†。

$$R = 8.314\,459\,8\,\text{J}/(\text{K}\cdot\text{mol}) \tag{1.16}$$

1.4.2 理想気体の状態方程式

温度や体積など物質の状況を表すことのできる量を**状態量**と呼ぶ。これらの状態量は，たがいに**状態方程式**と呼ばれるある関係式でつながっている。

ボイル・シャルルの法則を表す式 (1.13) は，**理想気体の状態方程式**と呼ばれている。これは，理想気体の圧力 P，体積 V，温度 T，モル数 n の間に一つの関係式が成り立つことを示している。これは理想気体についてきわめて強い制約を課している。具体的には，1 mol，1 atm，0℃の理想気体の体積は必ず 22.4 L でなくてはならず，10 L や 30 L になることは決してないのである。

この理想気体の状態方程式を前提として，ひとまずシャルルの法則に立ち返えると，シャルルの法則では温度一定の条件において圧力と体積が反比例をするが，そのときの比例定数はモル数，気体定数，温度の積となり，温度を変数とする定数となっていることがわかる。これを基に圧力と体積の関係をグラフに表すと**図 1.5** のようになる。なお，アルゴンのデータを併せて記載している。

同様にして，ボイルの法則は温度と体積の比例関係であり，その際の比例定数は圧力を変数とする定数である。これを基に温度と体積の関係をグラフに表すと**図 1.6** のようになる。

1 モルの理想気体の状態方程式を圧力 P について解くと以下のようになる。

$$P(v, T) = \frac{RT}{v} \tag{1.17}$$

これは，T-P-v 空間において図 1.5 や図 1.6 に示した曲線や直線を含む曲面の方程式であり，**図 1.7** のようになる。

---

† 国際非政府組織（フランス，パリ）の科学技術データ委員会（Committee on Data for Science and Technology, CODATA）より 2014 年に発表された気体定数の推奨値。

14   1. 物理の復習

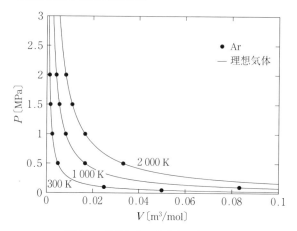

図1.5 理想気体の体積と圧力の関係

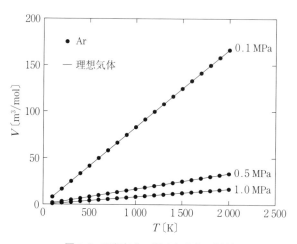

図1.6 理想気体の温度と体積の関係

1モルの理想気体の任意の状態は，この曲面上の一点で表される。ここで先ほどのボイル・シャルルの導出過程をこの曲面上に表すと**図1.8**のようになる。まず，点Aで表される状態の理想気体 (T_A, P_A, v_A) を温度一定のまま別の状態 (T_A, P_B, v') に変化させた。これは曲面上では（Ⅰ）で示した曲線に対応している。つづいて圧力 P を一定に保ったままで (T_B, P_B, v_B) に変化させた。これは曲面上では（Ⅱ）で示した線に対応している。このように，ある状態か

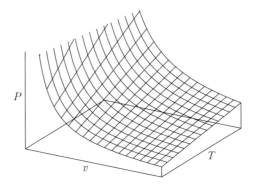

図 1.7 理想気体の P-v-T 曲面

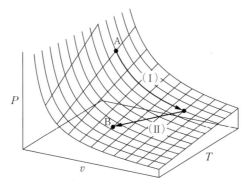

図 1.8 ボイル・シャルルの法則の導出に使用した経路
（A：始状態，B：終状態）

ら別の状態に変化させるときの道筋を，熱力学では"経路"と呼ぶ。また，最初に設定した状態を"始状態"，最後に到達する状態を"終状態"と呼ぶ。

1.5 気体分子の運動

まずヘリウムやアルゴンのような単原子気体が 1 モルある場合を考えよう。図 1.5 や図 1.6 に示したように，室温よりも高い温度ではこれらの気体は理想気体の状態方程式によく従うことが知られており，1 atm，0℃ではその体積は約 22.4 L であることがわかっている。ここから単原子気体の原子 1 個に割り

当てられる体積を見積もると，$22.4 \times 10^{-3}\,\mathrm{m^3}/6.02 \times 10^{23} \fallingdotseq 3.7 \times 10^{-26}\,\mathrm{m^3}$ となり，原子1個に対して一辺が $3 \times 10^{-9}\,\mathrm{m}$ の立方体の体積が割り当てられていることになる。一方，原子を球体と仮定すると，その直径はおおよそ $10^{-10}\,\mathrm{m}$ とされている。すなわち自分の大きさの約30倍の長さを一辺とした立方体の中に一つの原子が入っていることになる。気体の分子はある速度をもって空間を飛び回っているが，このような状況では原子同士の衝突はほとんど起こらないといってよい。

まず，単原子気体1モルの示す物理的な性質について考えよう。上記のように通常の気体では分子がたがいに衝突することは稀であることから，気体を理想化した極端なモデルでは，気体分子同士が衝突しないと仮定してもそれほど大きな問題は生じないであろう。このように分子同士が影響し合わない（相互作用をしない）気体のモデルが，原子・分子のスケールで見た理想気体である。

まず一辺の長さが L の箱の中において，質量が m である単原子気体の分子（原子）1個が速度 $\boldsymbol{v} = \boldsymbol{v}(v_x, v_y, v_z)$ で飛び回っているとする。なお，L の大きさは分子の大きさと比較してはるかに大きいとする。また，気体分子は箱の壁に弾性衝突を繰り返しており，そのエネルギーはつねに一定であるとする。話を簡単にするため，まず x 方向の運動について考えよう。図1.9に示すように，壁に衝突をする前に $+v_x$ の速度をもっていた分子は，壁に弾性衝突するとその符号を変えて $-v_x$ の速度の運動に変化する。分子の運動量は質量×速度で表されるが，衝突の前後での運動量の変化量 Δp_x を求めると以下のようになる。

$$\Delta p_x = p_x^1 - p_x^0 = -mv_x - (mv_x) = -2mv_x \tag{1.18}$$

ここで，p_x^0 は衝突前の運動量，p_x^1 は衝突後の運動量である。ニュートンの運動方程式から，運動量と力積（力×時間）を等しいとおくことができる。これを用いると壁に衝突した分子に働く力は

1.5 気体分子の運動

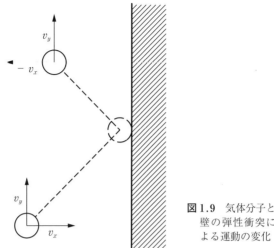

図 1.9 気体分子と壁の弾性衝突による運動の変化

$$f_x \cdot \Delta t = -2mv_x$$

$$\therefore \quad f_x = -\frac{2mv_x}{\Delta t} \tag{1.19}$$

が成り立つ。一方，壁が分子から受ける力 f_x^w は，f_x にマイナス符号を付けたものであり

$$f_x^w = \frac{2mv_x}{\Delta t} \tag{1.20}$$

となる。箱の中を分子が一往復するのに必要な時間 t は，x 方向の箱の大きさ L の 2 倍の距離を分子の x 方向の速度 v_x で割れば得られるから

$$\Delta t = \frac{2L}{v_x} \tag{1.21}$$

となる。これを代入すると，壁が 1 個の分子から単位時間に受ける力は

$$f_x^w = \frac{2mv_x}{2L/v_x} = \frac{mv_x^2}{L} \tag{1.22}$$

となる。

つぎに，箱の中に n モルの分子が入っている場合を考える。箱の中の全分子数 N は $N_A \times n$ である。箱の中の分子の運動は速度および方向とも完全にランダムであると仮定する。完全にランダムな運動であるから，右向きに運動

する分子と左向きに運動する分子が同じだけあるので，v_x の平均値を求めると速度のプラスとマイナスがちょうど打ち消し合って

$$\frac{\sum v_x}{N} = \langle v_x \rangle = 0 \tag{1.23}$$

となる。なお，〈 〉は全分子の平均値を表す際によく用いられる記号である。一方，速度を 2 乗するとマイナスの符号がすべてプラスに変わるので，その平均値は速度の絶対値の 2 乗を計算することになり

$$\langle v_x^2 \rangle = \frac{\sum v_x^2}{N} \neq 0 \tag{1.24}$$

である。この速度の 2 乗の平均値を用いると，壁が一つの分子から受ける力の平均値 $\langle f_x \rangle$ として

$$\langle f_x \rangle = \frac{m \langle v_x^2 \rangle}{L} \tag{1.25}$$

が得られ，さらに箱の中のすべての分子から一つの壁が単位時間に受ける力 F_x は

$$F_x = N \langle f_x \rangle = n N_A \frac{m \langle v_x^2 \rangle}{L} \tag{1.26}$$

となる。

分子の運動する方向についてランダムであると仮定したが，これは言い換えれば気体分子の運動がどの方向に対しても平均的に同じであるということである。すなわち，x, y, z 各方向の速度の 2 乗の平均値はすべて等しくなるため

$$\langle v_x^2 \rangle = \langle v_y^2 \rangle = \langle v_z^2 \rangle \tag{1.27}$$

が成り立つ。これを用いて速さの絶対値の 2 乗の平均値を計算すると

$$\langle v^2 \rangle = \langle v_x^2 + v_y^2 + v_z^2 \rangle = \langle v_x^2 \rangle + \langle v_y^2 \rangle + \langle v_z^2 \rangle = 3 \langle v_x^2 \rangle \tag{1.28}$$

となり，F_x は

$$F_x = n N_A \frac{1}{3} \frac{m \langle v^2 \rangle}{L} \tag{1.29}$$

と書き直される。圧力は単位面積に働く力であるから，F_x を壁の面積 L^2 で割ると，箱の中の気体の圧力 P を得ることができる。

1.5 気体分子の運動

$$P = \frac{F_x}{L^2} = nN_A \frac{1}{3} \frac{m\langle v^2 \rangle}{L^3} = nN_A \frac{1}{3} \frac{m\langle v^2 \rangle}{V} \tag{1.30}$$

ここで，$V = L^3$ は箱の体積である。体積 V を左辺に移行し，物理的な意味を明瞭にするために分子の平均の運動エネルギー $m\langle v^2 \rangle/2$ についてまとめると

$$PV = nN_A \frac{2}{3} \cdot \frac{1}{2} m\langle v^2 \rangle \tag{1.31}$$

となる。ここで，この式に理想気体の状態方程式 $PV = nRT$ を代入して整理すると

$$nN_A \frac{2}{3} \cdot \frac{1}{2} m\langle v^2 \rangle = nRT \tag{1.32}$$

$$\frac{1}{2} m\langle v^2 \rangle = \frac{3}{2} \cdot \frac{R}{N_A} T = \frac{3}{2} k_B T \tag{1.33}$$

が得られ，平均の運動エネルギーと温度が密接に関係していることがわかる。なお，k_B は**ボルツマン定数**と呼ばれ，原子や分子のスケールの量と，われわれが実際に見たりふれたりできる巨視的なスケールの量との間を取り持つ，非常に重要な物理定数である。

一般的な気体の場合には分子間力が存在するため，分子と分子の距離に応じて引力や斥力が発生する。このような気体分子の全エネルギー E は，以下に示すように，全分子の運動エネルギー E_K と位置エネルギー E_P の総和で書かれる。

$$E = E_K + E_P = \sum_{i=1}^{N} \frac{1}{2} mv_i^2 + \phi(\boldsymbol{r}_1, \boldsymbol{r}_2, ..., \boldsymbol{r}_N) \tag{1.34}$$

なお，気体分子の運動エネルギーは個々の分子の速さ v_i に関係しており，平均の2乗の速度を用いて書き直すと，以下のように書かれる。

$$E_K = \frac{1}{2} m \sum_{i=1}^{N} v_i^2 = \frac{1}{2} mN\langle v^2 \rangle \tag{1.35}$$

さらに温度 T を用いて書き直すと以下のようになる。

$$E_K(T) = \frac{3}{2} Nk_B T = \frac{3}{2} nRT \tag{1.36}$$

一方，位置エネルギー E_P は個々の分子の位置 $\boldsymbol{r}_i$ に関係しており，体積を変

数とする関数 $E_P(V)$ で表される。物質のもつエネルギーを温度や体積などの巨視的な量として表すとき，それを**内部エネルギー**と呼んで U で表す。U は，T と V を変数とする関数として表されるから

$$E_K(T) + E_P(V) = U(T, V)$$

と書くことができる。なお，内部エネルギー U は温度 T や体積 V だけでなく，圧力 P やあとに出てくるエントロピー S など，さまざまな熱力学の量を変数とする関数として表すことができる。

理想気体は，分子間に働く引力や分子の大きさ（斥力が働く範囲）をゼロとした特殊な分子の気体である。分子の大きさがゼロであるということは，分子と分子の衝突が起こらないということであり，仮に衝突するような状況であってもたがいにすり抜けてしまうということである。また，分子間に働く引力をゼロとすることにより分子の凝集が起こらなくなり，気体から液体への相転移[†]も起こらなくなる。これらの結果として，単原子理想気体の内部エネルギーにおいては分子の位置エネルギー E_P はゼロになり，運動エネルギーのみの関数，すなわち温度 T のみを変数とする関数として以下のように表されることになる。

$$U = U(T) = \frac{3}{2} nRT \tag{1.37}$$

1.6 熱力学第一法則と熱機関

ピストンとシリンダーでつくられた空間に気体を閉じ込めてその気体の体積を外部から変化させると，その気体に対して仕事の形でエネルギーを出し入れすることができる。また，その気体に対して外部から熱の形でエネルギーを出し入れすることも可能である。

物体の内部エネルギーの増減（内部エネルギーの変化量 ΔU）は，物体の外部から与えられた熱 ΔQ と仕事 ΔW の和で表される。これを**熱力学第一法則**

[†] 相および相転移については，2.1節などを参照。

という。これを式で表すと以下のようになる。

$$\Delta U = \Delta Q + \Delta W \tag{1.38}$$

気体に与える熱と仕事は，そのときの条件によって以下のように変わる。

・定積変化：$\Delta W = 0$,　$\Delta U = \Delta Q$

・定圧変化：$\Delta W = -P\Delta V$,　$\Delta U = \Delta Q - P\Delta V$

・等温変化：$\Delta Q = -\Delta W$,　$\Delta U = 0$

・断熱変化：$\Delta Q = 0$,　$\Delta U = \Delta W$

単位量の物体の温度を1K上昇させるのに必要な熱を**比熱**という。比熱は，物体に与えた熱 ΔQ をそのときの温度上昇 ΔT で割った量である。特に物質1モル当りの比熱 C を**モル比熱**という。

$$\Delta Q = nC\Delta T \tag{1.39}$$

気体のモル比熱は熱をやり取りするときに体積を一定にするのか，圧力を一定にするのかによって値が異なる。体積一定のときの比熱を**定積比熱**と呼んで C_V で表し，圧力一定のときの比熱を**定圧比熱**と呼んで C_P で表す。定積モル比熱を用いると，理想気体の内部エネルギーの変化は以下のように表される。

$$\Delta U = \Delta Q = nC_V\Delta T \tag{1.40}$$

この式に単原子理想気体の内部エネルギーの式を代入すると，単原子理想気体の定積モル比熱は

$$\Delta U = \frac{3}{2}nR\Delta T = nC_V\Delta T \tag{1.41}$$

$$C_V = \frac{3}{2}R \tag{1.42}$$

であることがわかる。また，圧力一定における内部エネルギー変化の式に対して定圧比熱を用いると，以下のような式が得られる。

$$C_P = \frac{\Delta Q}{n\Delta T} = \frac{\Delta U}{n\Delta T} + \frac{P\Delta V}{n\Delta T} \tag{1.43}$$

ここで理想気体の状態方程式（$P\Delta V = nR\Delta T$）を代入すると

$$C_P = \frac{\Delta U}{n\Delta T} + R = C_V + R \tag{1.44}$$

となる。これは，**マイヤーの関係**と呼ばれる。

マイヤーの関係から単原子理想気体の定圧モル比熱は

$$C_P = \frac{5}{2}R \tag{1.45}$$

であることがわかる。定圧比熱と定積比熱の比 C_P/C_V を**比熱比**といい，通常 γ（ガンマ）で表す。単原子理想気体では $\gamma = 5/3$ である。理想気体の断熱変化では，以下の**ポアソンの関係**が成り立つことが知られている[†]。

$$PV^\gamma = \text{const.} \tag{1.46}$$

ある気体の状態が A → B → … → D → A のようにいくつかの異なる状態を経由して元の状態に戻ることを**サイクル**という。圧力一定の条件でピストンとシリンダーでできた空間の中の気体に熱を与えると，その気体は膨張してシリンダーを押し出す動きをする。シリンダーに他の物体を接触させておけばその物体を移動させる，すなわちその物体に仕事をすることができる。その気体に対して熱と仕事を出し入れして適当なサイクルをつくると，熱を連続的に仕事に変えることができる。そのような装置を**熱機関**という。サイクルをつくるためには，気体への熱の出し入れに使用する高温の熱源と低温の熱源が必要となる。高温の熱源から ΔQ_{in} の熱を吸収し，そこで気体の膨張により ΔW_{out} の仕事をし，元の状態に戻るために ΔQ_{out} の熱を低温の熱源に放出したとする。そのときの仕事の大きさは，（摩擦などによるエネルギーのロスがなければ）熱力学第一法則により

$$\Delta W_{out} = \Delta Q_{in} - \Delta Q_{out} \tag{1.47}$$

となる。

熱機関の効率 η（イータ）は，得られた仕事と吸収した熱の比として以下のように表される。

$$\eta = \frac{\Delta W_{out}}{\Delta Q_{in}} = \frac{\Delta Q_{in} - \Delta Q_{out}}{\Delta Q_{in}} \tag{1.48}$$

[†] 式 (1.46) の導出は 5.1 節で行う。

1.7 物理から熱力学へ

ところで，熱やエネルギーに関係した事実として，高温の物体と低温の物体を接触させると，高温から低温へ熱が移動して最終的には二つの物体の温度が等しくなる。また圧力の高いところから低いところへ気体が移動する。このような現象について高校の物理ではほとんど解説されていない。これらを熱力学として説明するためにはエントロピーという量を新たに導入する必要がある。その導入の過程において，断熱変化やカルノーサイクルといった（高校生にとっての）発展的な内容が非常に重要となる。

章 末 問 題

(1.1) 産業革命において熱機関の果たした役割について調べなさい。
(1.2) 蒸気機関において，気体の膨張がどのように仕事に変換されているか調べなさい。それを基に蒸気機関の模型やアニメーションなどを自作しなさい。
(1.3) 図1.7を表す3次元模型を作成し，ボイル・シャルルの法則の証明に用いた経路をその模型上に示しなさい。
(1.4) 釘などをハンマーでたたきつづけてつぶすと，釘の温度が上昇する。ハンマーを振り下ろす際の仕事と釘の温度上昇から求めた熱を比較し，仕事のうち何割が釘の温度上昇に使われたかを求めなさい。また，釘から失われたエネルギーがどこに行ったのか考えなさい。

2 化学の復習

われわれは，中学校の理科や高校の化学において物質の成り立ちや分類などを勉強してきた。それらは勉強の進度に応じてさまざまな学年で段階的に紹介されるため，それぞれの内容の間には関連性がないように感じられたかもしれない。しかしながら，それらの理科や化学の内容のいくつか（実は半分以上）が化学熱力学と密接に関係している。この章では，中学の理科や高校の理科において，本書の内容に関連する事項をまとめた。なお，ここでは簡単な解説しかしていないので，詳しく思い出したければ各自の理科・化学の教科書をもう一度開いてみてほしい。

2.1 物質の三態と状態変化

物質は分子・原子の集合体である。物質を構成する分子・原子は，その物質の温度に応じた運動エネルギーをもって運動している。そのような運動を**熱運動**という。個々の分子のもつ運動エネルギーは同じではなく，ある分布をもっている。1章で示したように，運動エネルギーの平均値は温度と比例している。**図 2.1** に気体・液体・固体状態の物質の模式図を示すが，分子・原子は，液体や気体の中では熱運動により物質の中を絶えず動き回っており（拡散運動），固体（特に結晶）の中では結晶構造と呼ばれる決まった位置で振動運動（熱振動）をしている。

分子間に働く力を**分子間力**という。イオンのような電荷をもつ分子や水のように極性をもつ分子では，主要な力として静電気力（クーロン力）が働いている。また窒素やアルゴンのように極性をもたない分子間にはファンデルワール

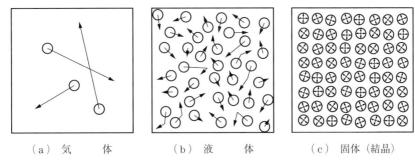

(a) 気体　　　　(b) 液体　　　　(c) 固体（結晶）

図 2.1 物質の三態と原子の運動の模式図

ス力と呼ばれる弱い引力が働いている．これらの分子間力のため，気体分子を冷却すると凝集して液体や固体へ変化する．固体，液体，気体の三つの状態を**物質の三態**と呼ぶ．いくつかの物質では，固体の原子配置（結晶構造）は一つではなく，温度や圧力の変化に伴い異なる結晶構造をとる場合がある．それら異なった固体の状態や液体の状態のように，物質のとり得る複数の状態を総称して**相**と呼ぶ．ある結晶構造をもつ固体の状態はその物質の相の一つであり，それが融解して液体になればその液体はその物質の別の相であるという．また，物質がある相から別の相へ変化することを**相転移**（または**相変化**）といい，そのときの温度を**相転移温度**（または**相転移点**）という．

　液体と気体が接したときの模式図を**図 2.2** に示すが，液体の表面付近の分子のうち，運動エネルギーの大きなものは分子間力を振り切って飛び出し，気体になる．これを**蒸発**という．気体分子のうち運動エネルギーの小さなものは液体の分子の分子間力にとらえられて液体の一部になる．これを**凝縮**という．単位時間に液体から飛び出す分子と液体に戻る分子の数が等しくなったとき，液体と気体の分子の数は見かけ上変化しなくなる．このような状況を**気液平衡**という．また気液平衡にある気体の状態を**飽和状態**といい，そのときの蒸気圧を**飽和蒸気圧**という．複数の種類の分子が気体の中にあるとき，それぞれの分子ごとの圧力を**分圧**といい，それらをすべて足し合わせた全体の圧力を**全圧**という．温度が異なると蒸気圧の値も異なる．蒸気圧と温度の関係を**蒸気圧曲線**という．飽和蒸気圧は，単一の分子だけのときも複数の種類の分子が存在する分

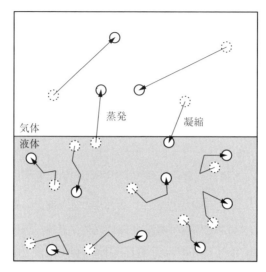

図 2.2 蒸発と凝縮

圧の場合でも同じ値となる。

　蒸気圧が大気圧と等しくなる温度を**沸点**という。沸点では，液体表面だけなく液体内部からも気体の状態の分子が発生する。そのような現象を**沸騰**という。純粋な物質が沸騰する場合，すべての液体が蒸発するまでの間は温度が一定に保たれる。液体から分子が蒸発すると，熱はその分子のもつ運動エネルギーとしてその液体から失われる。1 モルの分子が蒸発したときに液体から失われる熱を**蒸発熱**という。

　固体の温度を上昇させると分子の運動エネルギーが増加し，結晶構造の位置にとどまることができずに物質の中を動き回るようになる。多くの分子が動き回れるようになることを**融解**という。逆に分子が運動エネルギーを失って（放出して）結晶構造の位置に再配置することを**凝固**という。純粋な物質では，すべての固体が融解（もしくは凝固）するまで温度は一定に保たれる。そのときの温度を**融点**（もしくは**凝固点**）という。固体から液体になることにより熱は分子の運動エネルギーとして持ち去られる。1 モルの分子が融解する際に固体が失う熱を**融解熱**という。これらの相転移に関わる熱を総称して**潜熱**という。

表2.1 金属の沸点・融点と蒸発熱・融解熱[30]†

	融点 [K]	融解熱 [J/mol]	沸点 [K]	蒸発熱 [J/mol]
Ag	1 234	11 × 10^{-3}	2 423	255.1 × 10^{-3}
Al	933	8.40 × 10^{-3}	2 750	293.8 × 10^{-3}
Au	1 336	12.37 × 10^{-3}	2 983	324.5 × 10^{-3}
Be	1 560	15.79 × 10^{-3}	2 750	229.47 × 10^{-3}
Bi	545	11.3 × 10^{-3}	1 833	151.5 × 10^{-3}
Ca	1 116	8.66 × 10^{-3}	1 765	150.0 × 10^{-3}
Cd	594	6.29 × 10^{-3}	1 040	100 × 10^{-3}
Ce	1 073	5.18 × 10^{-3}	3 530	314 × 10^{-3}
Co	1 765	17.2 × 10^{-3}	3 150	382.2 × 10^{-3}
Cr	2 163	13.8 × 10^{-3}	2 933	349 × 10^{-3}
Cs	302	2.088 × 10^{-3}	831	55.7 × 10^{-3}
Cu	1 356	13.1 × 10^{-3}	2 855	306 × 10^{-3}
Dy	1 682	10.8 × 10^{-3}	2 608	251.1 × 10^{-3}
Er	1 795	19.9 × 10^{-3}	2 783	271 × 10^{-3}
Eu	1 090	9.23 × 10^{-3}	1 870	175.5 × 10^{-3}
Fe	1 809	13.8 × 10^{-3}	3 160	351.2 × 10^{-3}
Ga	303	5.588 × 10^{-3}	2 676	250.3 × 10^{-3}
Gd	1 588	10.05 × 10^{-3}	3 506	311.8 × 10^{-3}
Hg	234	2.34 × 10^{-3}	630	61.35 × 10^{-3}
In	430	3.265 × 10^{-3}	2 286	226.4 × 10^{-3}
Ir	2 716	26.5 × 10^{-3}	4 800	563.8 × 10^{-3}
K	336	2.325 × 10^{-3}	1 031	88.1 × 10^{-3}
La	1 193	6.20 × 10^{-3}	3 727	400 × 10^{-3}
Li	454	3.00 × 10^{-3}	1 600	158.9 × 10^{-3}
Mg	932	8.96 × 10^{-3}	1 376	128.7 × 10^{-3}
Mn	1 517	14.6 × 10^{-3}	2 305	255.7 × 10^{-3}
Na	371	2.60 × 10^{-3}	1 156	106.8 × 10^{-3}
Nb	3 793	26.8 × 10^{-3}	5 200	716.5 × 10^{-3}
Nd	1 298	6.81 × 10^{-3}	3 400	283.7 × 10^{-3}
Ni	1 726	17.5 × 10^{-3}	3 110	372.0 × 10^{-3}
Pb	601	4.87 × 10^{-3}	2 028	179.4 × 10^{-3}
Po	527	12.5 × 10^{-3}	1 235	106.0 × 10^{-3}

† 肩付数字は，巻末の参考文献の番号を表す。

表 2.1　金属の沸点・融点と蒸発熱・融解熱（つづき）

	融 点 [K]	融解熱 [J/mol]	沸 点 [K]	蒸発熱 [J/mol]
Pr	1 208	6.91 × 10^{-3}	3 485	332.8 × 10^{-3}
Pt	2 042	19.7 × 10^{-3}	4 100	510.6 × 10^{-3}
Rb	313	2.195 × 10^{-3}	852	71.5 × 10^{-3}
Re	3 453	33 × 10^{-3}	5 900	707.4 × 10^{-3}
Rh	2 233	22.4 × 10^{-3}	3 900	495.6 × 10^{-3}
Ru	2 523	26 × 10^{-3}	4 150	568.4 × 10^{-3}
Sb	904	19.7 × 10^{-3}	1 908	67.9 × 10^{-3}
Sc	1 810	14.1 × 10^{-3}	3 105	307.7 × 10^{-3}
Sm	1 345	8.63 × 10^{-3}	2 025	191.7 × 10^{-3}
Sn	505	7.0 × 10^{-3}	2 753	290.5 × 10^{-3}
Sr	1 047	10.0 × 10^{-3}	1 639	139.0 × 10^{-3}
Ti	1 953	18.7 × 10^{-3}	3 535	397 × 10^{-3}
Tl	576	4.28 × 10^{-3}	1 939	169.5 × 10^{-3}
U	1 406	12.4 × 10^{-3}	4 200	422.7 × 10^{-3}
W	3 653	35 × 10^{-3}	5 800	799.4 × 10^{-3}
Zn	693	7.12 × 10^{-3}	1 179	113.4 × 10^{-3}
Zr	2 128	20.5 × 10^{-3}	4 650	581.7 × 10^{-3}

　表 2.1に示すように，相転移温度や潜熱は物質ごとに大きく異なっており一見なんの関係もないように見えるが，**図 2.3**と**図 2.4**に示したように融解熱と融点の関係は傾きが気体定数 R の直線上に分布し（**リチャーズの法則**），蒸発熱と沸点の関係は傾きが 88 J/mol の直線上に分布する（**トルートンの規則**）。潜熱を相転移温度で割った量は，後の説明において相変化のエントロピーと呼ぶことになり，例えば固体と液体の違いを熱力学的に考える際の非常に重要な量になる。

　液体を冷却すると多くの場合固体になるが，**過冷却**になると融点ですぐに固体にはならずに液体のままで融点よりも温度が下がることがある。液体から固体になるまでの温度と時間の関係を**図 2.5**に示したが，融点よりも下の温度において液体のまま存在する。過冷却になった液体は，衝撃などをきっかけとして凝固する。純粋な物質の場合，その一部から凝固が始まると，全体が凝固す

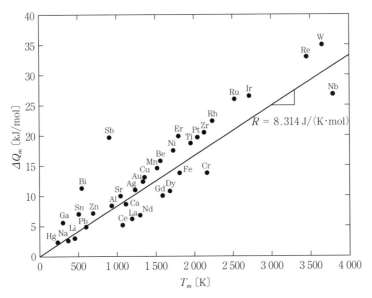

図 2.3 融点と融解熱の関係（リチャーズの法則）

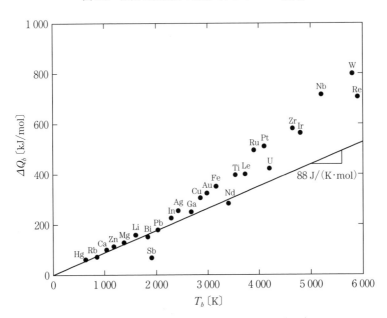

図 2.4 沸点と蒸発熱の関係（トルートンの規則）

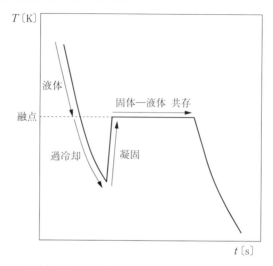

図 2.5 液体を冷却して固体に変化させたときの時間と温度の関係

るまでの間その温度は融点で一定となる．

2.2 理想気体と実在気体

現実の気体では高温・低圧の条件では理想気体によく似た P-v-T の関係を示すが，その条件ではその凝集のエネルギーよりも運動エネルギーのほうがはるかに大きく，その結果として理想気体のように見えるのである．実際の気体では気体分子の間に凝集力が存在するため，温度を下げて圧力を上げることで理想気体からの差が大きくなり，やがて気体と液体の相転移を起こすようになる．例えば，アンモニアの P-v-T を示すと**図 2.6** のようになる．

理想気体との違いをより見やすくするために，つぎのような量を計算してみよう．理想気体の状態方程式を変形して以下のように書き直す．

$$z = \frac{PV}{nRT} = \frac{v}{v^{id}} \tag{2.1}$$

この z は**圧縮率因子**と呼ばれる量であり，理想気体ではどんな圧力，温度，体積であってもつねに 1 である．また，実際の気体のモル体積（$v = V/n$）と理

2.2 理想気体と実在気体　31

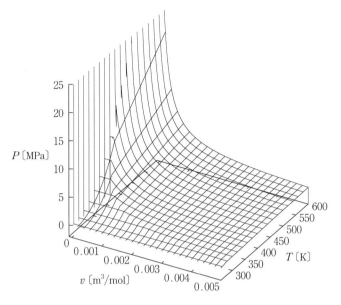

図 2.6　アンモニアガスの P-v-T 状態図

想気体のモル体積（$v^{id} = P/RT$）の比になっており，1 からのずれの大きさが理想気体と現実の気体の差異ということになる。図 2.7 と図 2.8 は，代表的な非極性分子であるアルゴンと窒素の z 因子を，図 2.9 は極性分子であるアンモ

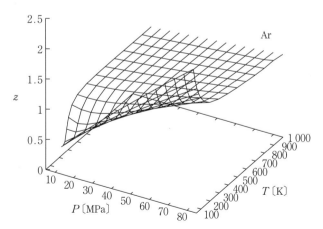

図 2.7　非極性分子気体（アルゴンガス）の z 因子

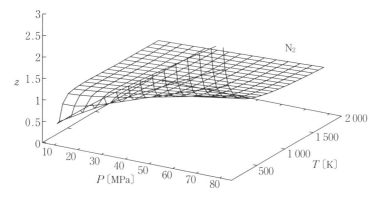

図 2.8 非極性分子気体（窒素ガス）の z 因子

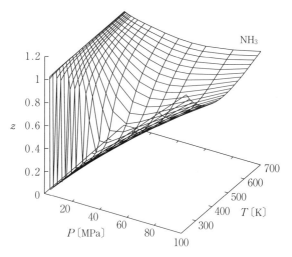

図 2.9 極性分子気体（アンモニアガス）の z 因子

ニアの z 因子を表している。すべての気体で高温低圧において z はほぼ 1 になるが，温度が下がるに従い z が 1 から離れていく様子がわかる。なお，図 2.9 のアンモニアについては臨界点のごく近くを示しており，$P = 10 \text{ MPa}$，$T = 300 \text{ K}$ の近くでは，気相―液相の相変化による不連続が生じている。

2.3 液体と固体

　分子の密度が高くなると，分子間に働く力や分子の配置の情報が重要となってくる。液体や固体の状態方程式を求めることは非常に困難である。固体や液体を対象とした熱力学では，気体のときのように P-V-T の状態方程式からいろいろな熱力学量を求めることはほとんどなく，比熱などの比較的測定しやすい物性値から熱力学の関係式を用いて熱力学量を求めたり，熱力学的な平衡状態を利用して気体の状態方程式から間接的に求めたりされる。

　液体状態の分子の密度は，気体状態の約 1 000 倍であり，分子が密集して存在する。液体の流動性は，分子が決まった位置をもたず，たがいに衝突しながら比較的自由に位置を変えられる点にある。液体状態の簡単なモデルの一つとして，統計力学の計算によれば，分子間の位置エネルギー（分子間ポテンシャル）を表す $\varphi(r)$ と分子配置を表す動径分布関数 $g(r)$ および数密度 ρ（ロー）[†]を用いて，液体の状態方程式を以下のように書くことができる。

$$P = \rho k_B T \left(1 - \frac{\rho}{6k_B T}\int_V r \frac{d\varphi(r)}{dr} g(r) d\boldsymbol{r}\right) \tag{2.2}$$

この式は**圧力方程式**と呼ばれている。また，内部エネルギー U は

$$U = \frac{3}{2}RT + \frac{\rho}{2}\int_V \varphi(r)g(r)d\boldsymbol{r} \tag{2.3}$$

と表される。内部エネルギーや状態方程式の計算の際には $\varphi(r)$ や $g(r)$ を理論や実験からあらかじめ求めておかなければならず，簡単に計算することはできない。

　固体状態，特に完全結晶状態では，すべての分子は決まった位置を占有し，その場で周囲の分子と相互作用をしながら振動している。結晶における原子の配置を**結晶構造**という。よく知られている例として面心立方構造，体心立方構造などが挙げられる。X 線構造解析などによる結晶構造解析を基に，系のすべ

[†] $\rho = n/V$ である。

ての分子の位置が決まるため，分子間に働く力 $\varphi(r)$ がわかれば，内部エネルギーをはじめとした熱力学量を計算で求めることができる．実在する結晶は完全結晶ではなく，欠陥や転位などをもっている．それらの周囲では，本来の位置からずれたところに分子が存在するため，周囲よりも高いエネルギーをもっている．これらは**歪（ひずみ）エネルギー**と呼ばれている．固体の物質の外部から力（応力）を加えて変形を生じさせるような場合には，歪エネルギーが重要になる．

2.4 溶　　　液

　液体に他の物質が混合し，濃度が均一な液体となることを**溶解**するという．溶解によってできた液体を**溶液**といい，他の物質を溶解する液体を**溶媒**，溶媒に溶かす物質を**溶質**という．溶液の体積に対する溶質の量をその溶液の濃度といい，質量濃度やモル濃度がよく用いられる．溶質として溶かすものは固体，液体，気体のどの状態の物質であってもよい．溶媒に溶質を加えていくと，ある量から溶解しなくなる場合がある．限界まで溶解した溶液を**飽和溶液**といい，そのときの濃度を**飽和濃度**という．飽和濃度の溶液では，溶質として加えた物質から溶液に溶け出す分子の数と，溶液から溶質として加えた物質に戻る分子の数が釣り合っている．このような状態を**溶解平衡**という．

　溶質が気体分子のとき（または溶質が蒸気圧をもつとき），一定量の溶媒に溶解する気体分子の数（モル数）は，その溶媒に接している気体の圧力（複数の種類の分子があるときはその分圧）に比例する．それを**ヘンリー則**という．

　溶液の濃度が小さいとき，溶媒の蒸気圧（分圧）は溶液の濃度（厳密には溶液内の溶媒の濃度）に比例する．これを**ラウール則**という．特に不揮発性の溶質を加えて溶液としたとき，溶液の溶媒の飽和蒸気圧は純粋な溶媒の蒸気圧よりも低くなる．これを**蒸気圧降下**という．溶液中の溶媒の蒸気圧が下がることにより溶媒の沸点が上昇する．これを**沸点上昇**という．希薄溶液の沸点上昇の大きさ（沸点上昇度 ΔT_b）は，溶質の種類に関係なく溶液の質量モル濃度 m

に比例し，以下のように表される。

$$\Delta T_b = K_b m \tag{2.4}$$

ここで K_b は溶媒の種類で決まる定数である。

純粋な溶媒の凝固点に対して，溶液の凝固点は低い温度になる。これを**凝固点降下**という。不揮発性の溶質を溶かした溶液の凝固点降下の大きさ（凝固点降下度 ΔT_m）は，溶質の種類に関係なく溶液の質量モル濃度に比例し，以下のように表される。

$$\Delta T_m = K_m m \tag{2.5}$$

ここで K_m は溶媒の種類で決まる定数である。

溶媒のみを透過して溶質を透過しないような膜を**半透膜**という。半透膜を挟んで純粋な溶媒と溶液を接すると，溶液から純粋な溶媒側へ溶媒分子が移動する。溶媒が半透膜を通って浸透する圧力を**浸透圧**という。希薄溶液の浸透圧は，溶質の種類に関係なく，溶液のモル濃度と絶対温度に比例する。

浸透圧は，タンパク質などの不揮発性の溶質の分子量を求める際に利用される。

2.5　化学反応とエネルギー

物質の状態変化や化学変化にはエネルギーの出入りが伴う。これらのエネルギーは，分子と分子の結合の変化や分子の運動状態の変化に由来している。このエネルギーの変化は多くの場合熱になるが，光や電気の形で現れる場合もある。化学反応の際に外部に熱を放出するものを**発熱反応**といい，逆に熱を吸収するものを**吸熱反応**という。どちらの場合についても化学反応に伴う熱を**反応熱**という。反応前の物質を**反応物**，反応後の物質を**生成物**というが，反応物と生成物のもつエネルギーの差が反応熱となる。

化学反応式の右辺に反応熱を記し，右辺と左辺を矢印ではなく等号"="で結んだ式を**熱化学方程式**という。例えば，炭素1モルと酸素分子1モルが反応して二酸化炭素分子1モルができる際の熱化学方程式は，以下のようになる。

$$C(graphite) + O_2(gas) = CO_2(gas) + 394 \text{ kJ} \tag{2.6}$$

反応熱は，その反応の種類により異なる名前で呼ばれることがある．上記のような酸素との反応の反応熱は**燃焼熱**と呼ばれる．注目する化合物1モルが構成元素の単体から生成するとき，その反応熱は**生成熱**と呼ばれる．厳密には化学反応ではないが，溶質1モルが多量の溶媒に完全に溶ける際の熱を**溶解熱**と呼ぶ．また，酸と塩基が中和して水が生成するときの熱を**中和熱**という．

物質の状態が変化するとき相変化の熱が発生するが，そのような場合についても熱化学方程式を用いて表すことができる．例えば，25℃1気圧において1モルの氷が解けて水になるときの熱化学方程式は，以下のようになる．

$$H_2O(solid) = H_2O(liquid) - 6.0 \text{ kJ/mol} \tag{2.7}$$

反応物からいくつかの反応を経由して生成物ができるとき，反応熱の総和は最初の反応物と最後の生成物の種類で決まり，途中の経路には関係しない．それを**ヘスの法則**という．このヘスの法則を利用すると，直接測定するのが難しい反応熱を別の経路の反応を組み合わせて計算で求めることが可能となる．例えば，メタンの生成熱を直接求めるのは困難であるが，炭素，水素，メタンの燃焼熱がわかれば，以下のようにして計算で求めることができる．

$$\begin{array}{ll} C(graphite) + O_2 = CO_2 + 394 \text{ kJ} & ① \\ H_2 + \dfrac{1}{2}O_2 = H_2O + 286 \text{ kJ} & ② \\ \underline{CH_4 + 2O_2 = CO_2 + 2H_2O + 891 \text{ kJ}} & ③ \\ C(graphite) + 2H_2 = CH_4 + 75 \text{ kJ} & ① + ② \times 2 - ③ \end{array}$$

2.6 化学平衡

反応物から生成物ができる反応を**正反応**（**生成反応**）といい，逆に生成物が分解して反応物に戻る反応を**逆反応**（**分解反応**）という．例えば，水素とヨウ素からヨウ化水素が生成する正反応と逆反応は以下のように表される．

$$H_2 + I_2 \rightarrow 2HI$$

$$2\text{HI} \rightarrow \text{H}_2 + \text{I}_2$$

両者の反応を合わせて**可逆反応**と呼び，以下のように表す．

$$\text{H}_2 + \text{I}_2 \rightleftarrows 2\text{HI} \tag{2.8}$$

反応が開始された直後には正反応と逆反応の速度は異なるが，長時間たつと両者が釣り合って生成物と反応物の量が見かけ上変化しなくなる．そのような状態を**化学平衡**の状態という．

気体の反応物と気体の生成物の平衡反応（気体の均一反応系）において，平衡状態となった反応容器の気体中には，それらの分子がある濃度で存在しているものとする．このときの平衡反応の反応式を以下のように一般化する．

$$aA + bB + \cdots \rightleftarrows pP + qQ + \cdots \tag{2.9}$$

ここで，$A, B, P, Q, \ldots$ は反応物と生成物の化学式であり，$a, b, p, q, \ldots$ はそれらの係数である．この反応に関与する物質のモル濃度（物質 A のモル濃度を $[A]$ と表す）には，以下の関係が成り立つ．

$$K_C = \frac{[P]^p[Q]^q \cdots}{[A]^a[B]^b \cdots} \tag{2.10}$$

ここで K_C は化学平衡の**平衡定数**（あるいは**濃度平衡定数**）と呼ばれる量であり，温度が一定であれば濃度や圧力が異なってもほぼ一定の値となる．これを**質量作用の法則**という．なお，液体の反応物と液体の生成物が完全に混合しているような系（液体の均一反応系）においても，この質量作用の法則は成り立つ．一方，反応物や生成物に気体と固体が混在するような平衡反応（不均一反応系）の場合の平衡定数については，反応に関与する気体の物質についてのみ考えればよい．例えば，固体の炭素と水蒸気から水素と一酸化炭素ができるような下記の平衡反応では

$$\text{C(graphite)} + \text{H}_2\text{O(gas)} \rightleftarrows \text{CO(gas)} + \text{H}_2\text{(gas)}$$

平衡定数 K_C は

$$K_C = \frac{[\text{CO}][\text{H}_2]}{[\text{H}_2\text{O}]} \tag{2.11}$$

とすればよい．

気体の反応の場合，モル濃度を用いる代わりに分圧を用いてもよい。上記の一般的な平衡反応の式において，物質 A の分圧を P_A とすると分圧を用いた平衡定数は以下のように書くことができる。

$$K_P = \frac{P_P^p P_Q^q \cdots}{P_A^a P_B^b \cdots} \tag{2.12}$$

これを**圧平衡定数**という。各成分気体を理想気体と仮定したとき，圧平衡定数と濃度平衡定数の間には以下の関係が成り立つ（詳細は，p.177, 178 参照）。

$$K_P = K_C(RT)^{(p+q+\cdots)-(a+b+\cdots)} \tag{2.13}$$

化学平衡にある平衡反応系の温度・圧力・濃度を変化させると，反応物や生成物の量が変わり新たな平衡状態へ変化する（平衡の移動）。このとき，平衡は，反応系に与えた温度・圧力・濃度の変化の影響を緩和する方向に移動する。これを**ルシャトリエの原理**という。

アンモニアの製造法の一つであるハーバー・ボッシュ法は，このルシャトリエの原理を応用している。この方法で用いる平衡反応は以下のようになる。

$$N_2(gas) + 3H_2(gas) \rightleftarrows 2NH_3(gas) + 92\,kJ \tag{2.14}$$

目的の生成物であるアンモニアの量を増やすには，このルシャトリエの原理から，この反応を行っている容器の圧力を上げ，温度を下げて平衡を生成物のほうに移動させればよい。しかしながら，温度を下げすぎると反応の進行が遅くなることや反応容器の耐圧性などの問題があることから，実際には，鉄系の触媒を用いて約 500℃，10 atm の条件で化学合成が行われている。

2.7 金属元素の性質

いくつかの代表的な金属元素の特徴と製造法・応用先などをもう一度復習しておこう。これらはわれわれの生活に密接に関わるため，中学の理科や高校の化学の実験の対象として用いられており，これらに関連する実験を記憶している人も多いだろう。これらの中にも熱力学に関連する事項が数多く含まれている。

2.7 金属元素の性質

2.7.1 アルミニウム

金属のアルミニウムは1円玉やアルミホイル，鍋やフライパンの素材として用いられており，身近にある代表的な軽い金属の一つである。

鉱石のボーキサイトから純粋な酸化アルミニウムをつくり，それを融解し，電流を流して電気分解することで金属のアルミニウムを得る（融解塩電解）。純粋なアルミニウムは，白色の軟らかくて軽い金属である。金属表面に非常に安定な酸化被膜を形成するため，金属として，空気中できわめて安定に存在する。また，少量の銅などを添加することで強度や加工しやすさが向上するため，建材や窓枠，鍋，航空機などの材料として用いられる。その一方で，本来のアルミニウムは酸素との反応性がきわめて高く，粉末状のアルミニウムを空気中で加熱すると激しく燃焼し，酸化アルミニウムを生成する。アルミニウム粉末と酸化鉄（Fe_2O_3）粉末を混ぜ合わせ，そこにマグネシウムリボンを差し込んで点火すると激しく反応して3 000℃以上の高温になる。その際，アルミニウムが酸化鉄の酸素をはぎ取るように反応して金属の鉄が遊離する。この反応はテルミット反応と呼ばれ，鉄道のレールなどの溶接に使用される。

2.7.2 スズ，鉛

金属のスズや鉛を目にする機会はそれほどないが，スズ製のコップや魚釣りの鉛の重りなどに用いられており，見つけたり入手したりするのはそれほど難しくない。また，スズと鉛の合金は純粋なスズや鉛の融点よりも低い温度で融解するため，電子回路などのはんだ付けに用いられる。

金属のスズは，室温では銀白色の軟らかい金属（βスズ）として存在する。13℃以下では，固相の相変化を起こして硬くてもろい半導体（αスズ）になる。鉛は軟らかく重い金属であり，青みがかった金属光沢を示す。鉛蓄電池や放射線遮蔽に用いられる。

2.7.3 鉄

鉄は最も広く用いられている金属の一つであり，さびや腐食などの金属の化

学反応を身近に知ることのできる物質である。中学の理科や高校の化学において も鉄の関与する化学反応が繰り返し解説されている。

鉄は酸化物や硫化物の形で多くの岩石に含まれる。金属の鉄は，灰白色の金属であり，酸と反応して二価のイオンになる。湿った空気中では徐々に酸化され Fe_2O_3 を含む赤さびが生じる。一方，空気中で強く熱したときには Fe_3O_4（黒さび）が生じる。

金属の鉄を得る方法は，まず赤鉄鉱や磁鉄鉱などの鉱石をコークス（石炭を蒸し焼きにしたもの）と一緒に溶鉱炉（高炉）に入れて高温に加熱し，発生した一酸化炭素で酸化鉄を還元して**銑鉄**（せんてつ）（炭素含有量 4 % 程度の鉄）を得る。つづいて，高温にした銑鉄を転炉に入れ，そこに酸素を吹き込むことで炭素を酸化させて取り除き，鋼[†]（炭素含有量 2～0.02 % 程度）をつくる。銑鉄は鋳造に用いられ，鋼は建築材料や鉄道のレールなどに使用される。

鋼にクロムやニッケルを添加したものは，**ステンレス合金**と呼ばれる。ステンレス合金は，表面に不導体膜と呼ばれるきわめて安定な酸化被膜がつくられるため，さびや腐食が起こりにくくなる。

鉄の表面にスズをメッキしたものを**ブリキ**といい，亜鉛をメッキしたものを**トタン**という。両者とも鉄板の腐食を避けるために用いられるが，トタンは傷に強いため，屋外の用途に用いられることが多い。

2.7.4　銅，銀

銀と銅は中学の理科において，加熱による酸化銀の分解や炭素による酸化銅の還元の実験などに用いられており，また，高校の化学では電池の電極やイオンの溶解を考える際に，そのよい対象とされている。

銅は，金属の形で天然に存在することもあるが，多くの場合硫化物や酸化物として産出される。金属の銅は赤色の金属であり，乾燥した空気中では酸化されにくいが，湿った空気の中では緑色のさび（緑青）を生じる。銅は通常の酸

[†] "こう"あるいは"はがね"と読む。

とは反応しないが，酸化性の酸（熱濃硫酸や硝酸）とは反応する。金属の銅を加熱すると CuO になり，さらに 1 000℃ 以上で加熱すると Cu_2O になる。金属の銅を得る方法としては，まずコークス，石灰石，珪砂と一緒に加熱することにより鉱石に含まれる鉄を取り除いて硫化銅を生成する。つぎに空気酸化させながら高温にすることで Cu_2O を生成し，それをさらに 2 000℃ 以上で加熱して粗銅を生成する。最後に粗銅を電解精錬して高純度の金属銅を得る。金属銅は電気の良導体であり，電線として広く用いられている。また，亜鉛と合金にしたものを黄銅（真鍮）と呼び，スズと合金にしたものを青銅と呼ぶが，両者ともにさまざまな道具の素材として古くから用いられている。

銀は，白色の金属であり，金属の形で産出されるものもあるが，多くは銅や鉛などの電解精錬の副産物として得られる。空気中の酸素との反応はしにくいが，硫黄（硫化水素）とは反応して黒色の硫化銀を形成する。酸化銀を空気中で加熱すると，金属の銀と酸素に分解する。また，硝酸とは水素を発しながら溶解し，硝酸銀をつくる。

2.7.5 ケイ素

単体のケイ素を目にする機会はほとんどないが，IC などの集積回路の基盤として広く使用されている。また SiO_2 を母材とするガラスが窓や瓶などに広く用いられている。

ケイ素は，石英，水晶，ケイ砂などとして産出する。単体のケイ素は，黒灰色の金属光沢をもつ金属（半導体）であり，密度は比較的小さい。単体のケイ素を得る方法としては，まず高純度の二酸化ケイ素（石英）を炭素で還元してケイ素の単体にするが，二酸化ケイ素の融点はきわめて高い（1 550℃）ため，アーク溶解という特殊な加熱溶融法を用いる。つづいて，得られたケイ素を塩素と反応させて沸点の低い $SiCl_4$ とし，これを蒸留して純度を高めたのちに水素と反応させて塩素を脱離し，高純度の Si を得る。集積回路の基盤として用いるにはさらに高い純度（99.999 999 999％以上）にし，かつ単結晶とする必要があるため，帯溶融法や引き上げ法と呼ばれる特殊な方法で再結晶化される。

2.8 化学から化学熱力学へ

　高校の化学では，物質の相変化やヘスの法則，沸点上昇・凝固点降下，平衡定数といった重要な考え方や関係式が解説されているが，それらの根本となっている"考え方"についてはほとんど解説されていない。

　空気中で金属を加熱すると一般的には酸化物が生じるが，酸化銀の場合は逆に金属の銀と酸素とに分解する。いくつかの金属については，空気中での加熱により生じた金属酸化物を炭素やアルミニウムを混ぜて加熱すると，酸化物が還元されて元の金属を得ることができる。その一方でマグネシウムなどの燃えやすい金属では，そのような方法では酸化物を還元することができない。この違いの理由はどのように説明したらよいのだろうか。

　これらはすべて"化学熱力学"を用いて説明することができるのである。そのためには，エンタルピーや自由エネルギーといった新たな量を導入する必要がある。その導入の過程において，中学の理科や高校の化学で勉強した内容がさまざまなところで引用されるであろう。

章 末 問 題

(2.1) 純粋な水について，液体状態から固体状態に変わる際の温度と時間の関係を測定し，図 2.5 のようなデータが得られるかどうか確認しなさい。

(2.2) 有機物や塩のような化合物について，図 2.3 のようなリチャーズの法則や図 2.4 のようなトルートンの規則が成り立つかどうか確かめなさい。なお，必要なデータについては各自が文献などを調査すること。

(2.3) 上記の (2.1) の実験において，水に不揮発性の電解質（食塩など）を溶解すると凝固点の温度が低下すること（凝固点降下）を確かめなさい。また，食塩の濃度を変えて凝固点降下を測定し，その結果が式 (2.5) に従うかどうか確かめなさい。

(2.4) 酸化銀を空気中で加熱すると金属銀と酸素とに分解する。実際に空気中で酸化銀を加熱し，金属の銀が得られるかどうか確かめなさい。

(2.5) 酸化銅と炭素を混合して空気中で加熱すると金属銅に還元される。実験を行って，実際に金属銅が得られるかどうか確かめなさい。

(2.6) 濃い水酸化ナトリウム水溶液（約 6 mol/L）に亜鉛粉末を入れたものを準備する。そこに加熱した銅板を入れたとき，表面の色がどのように変わるか観察しなさい。その銅板を軽く水洗いし，バーナーなどで加熱したときの銅板の色を観察しなさい。この一連の実験で銅板の表面になにが起きたか推測しなさい。

3. 熱力学で使用する数学の準備

　熱力学では，たがいに関係する複数の変数をもつ関数を取り扱う。その際，例えば体積のようなある量を少しだけ変化させたときに温度などの別の量がどれくらい変化するのかを，$\Delta, \delta, d, \partial$ などの記号を使い分けながら数式として表す。この章では，これら四つの記号の違いを含め，熱力学でよく用いられる数式について解説する。

3.1　微分と導関数

　x を変数とする関数 $f(x)$ を考える。$f(x)$ は"なめらか"な関数であるとする。「関数が"なめらか"である。」のいうところの意味については数学ではきちんとした定義があるが，ここでは議論を簡単にするため，"なめらか"を「その関数をグラフにしたときに 途切れたり 折れ曲がったり していない。」ことを意味することにする。このような関数 $f(x)$ について，x を変化させたときに $f(x)$ がどれだけ変化するかを考えよう。x について二つの異なる値 x_1 と x_2 があるとき，それらの差，すなわち x の変化量を $\Delta x = x_2 - x_1$ と表す。Δ はギリシャ文字の一つで"デルタ"と読み，一般に変数の前に Δ を書くとその変数についての変化量を意味する。x のはじめの値を x_0 とすると，そこから Δx だけ変化させたときの x の値は $x_0 + \Delta x$ と書くことができる。x を変化させる前と後の $f(x)$ の値はそれぞれ $f(x_0)$ と $f(x_0 + \Delta x)$ であるから，そのときの $f(x)$ の変化量を Δf とすると以下のように書くことができる。

$$f(x_0 + \Delta x) - f(x_0) = \Delta f \tag{3.1}$$

この式の両辺を $(x_0 + \Delta x) - x_0 = \Delta x$ で割ると以下のようになる。

$$\frac{f(x_0 + \Delta x) - f(x_0)}{(x_0 + \Delta x) - x_0} = \frac{\Delta f}{\Delta x} \tag{3.2}$$

これらの関係をグラフで表すと図3.1のようになり，上式は点Aと点Bを結ぶ直線の傾きを表している。

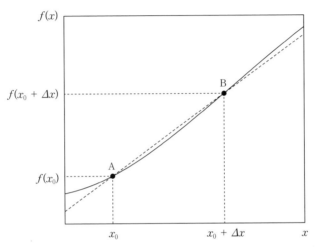

図3.1 関数上の二点の傾きと微分

ここで点Bを点Aに近づけていき，ほとんど重なるくらいまでにすると，ΔxとΔfの大きさはそれぞれほぼゼロになる。このように二点がほとんど区別のつかないくらいまで近づいたときのΔxやΔfを，本書ではδxやδfと表す。なお，δ（デルタ）は先ほどのΔの小文字である。このδxを極限までゼロに近づけたとき，$\delta f/\delta x$は関数$f(x)$の$x = x_0$における接線の傾きと完全に一致する。このようにして関数の接線の傾きを求めることを**微分**するという。また，得られる接線の傾きの値を**微分係数**と呼び，$(df/dx)_{x=x_0}$もしくは$f'(x_0)$と表す。括弧の右下に示した$x = x_0$はxの値がx_0のときの微分係数であることを示している。

$$\lim_{\Delta x \to 0} \frac{f(x_0 + \delta x) - f(x_0)}{(x_0 + \delta x) - x_0} = \left(\lim_{\delta x \to 0} \frac{\delta f}{\delta x}\right)_{x=x_0} = \left(\frac{df}{dx}\right)_{x=x_0} = f'(x_0) \tag{3.3}$$

なお，一般的にdf/dxは$df \div dx$ではなく

である。d/dx を**微分演算子**と呼ぶ．

$f(x)$ がなめらかであれば，式 (3.3) の x_0 を関数が値をもつ範囲の任意の x に移動させても成立するから，上記の計算において x_0 を任意の x に置き換えることにより，関数 f の微分係数を x の関数として表すことができる．

$$\lim_{\delta x \to 0} \frac{f(x + \delta x) - f(x)}{(x + \delta x) - x} = \lim_{\delta x \to 0} \frac{\partial f}{\partial x} = \frac{d}{dx} f = f'(x) \tag{3.4}$$

そのようにして求めた微分係数を表す関数を**導関数**と呼び，df/dx もしくは $f'(x)$ と表す．

例題として $f(x) = ax^2 + bx + c$ の導関数を求めてみよう．式 (3.4) に代入して整理すると以下のようになる．

$$\begin{aligned}\frac{df}{dx} &= \lim_{\delta x \to 0} \frac{\{a(x + \delta x)^2 + b(x + \delta x) + c\} - (ax^2 + bx + c)}{(x + \delta x) - x} \\ &= \lim_{\delta x \to 0} \frac{2ax\delta x + a(\delta x)^2 + b\delta x}{\delta x} \\ &= 2ax + b \end{aligned} \tag{3.5}$$

いわゆる，累乗関数の微分をするときの「x の何乗の数字を前に出して…」とした場合と同じ式が得られる．

3.2 定積分と不定積分

ある関数 $f(x)$ があるとき，x が a から b の範囲において $f(x)$ と x 軸で挟まれる範囲の面積 S を求めよう．**図 3.2** に示すように，面積を求めたい図形を等幅の細い長方形の短冊状に切り分け，a に近い端から $1, 2, ..., m$ と番号をふっておく．n 番目の短冊の面積 s_n は以下の式で表される．

$$s_n = f(x_n) \times (x_{n+1} - x_n) = f(x_n) \Delta x \tag{3.6}$$

目的の面積 S は，s_n の総和をとることで近似的に求めることができる．近似的にしたのは，長方形の短冊と関数の間に"隙間"が生じ，そこの面積が誤

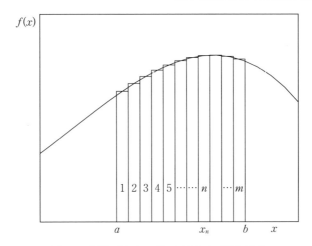

図 3.2 関数 $f(x)$ と x 軸で囲まれた面積と積分

差となるためである。

$$S \approx \sum_{n=1}^{m} s_n = \sum_{n=1}^{m} f(x_n) \Delta x \tag{3.7}$$

ここで，短冊の横幅をかぎりなくゼロに近づけた極限を考えると，先ほどの誤差をかぎりなくゼロに近づけることができ，S の面積そのものを求める式になる。

$$S = \lim_{\delta x \to 0} \sum_{n=1}^{m} f(x_n) \delta x = \int_a^b f(x) dx \tag{3.8}$$

このような計算を**定積分**と呼ぶ。ここで，$\int$ は**積分記号**もしくは**インテグラル**と呼ばれる記号であり，dx は積分をする変数が x であることを，上下の添字は計算する際の x の範囲が $x = a$ から $x = b$ までであることを示している。

定積分の積分範囲の上限，すなわち上式における b を δx だけわずかに増加させたときの S の増加分 δS は，以下のように表される。

$$\delta S = \int_a^{b+\delta x} f(x) dx - \int_a^b f(x) dx \cong f(b) \delta x \tag{3.9}$$

ここで，b の位置を自由に動かせるように，すなわち任意の場所の x 座標を表すために別の記号である ξ（ギリシャ文字のグザイ）に置き換えると，定積分の値は ξ を変数とする関数として以下のように表される。

$$S(\xi) = \int_a^\xi f(x)dx \tag{3.10}$$

ここで，ξ の値を $\delta\xi$ だけ増加させたときの $S(\xi)$ の増加量 δS を考えると

$$\delta S = S(\xi + \delta\xi) - S(\xi) = f(\xi)\delta\xi \tag{3.11}$$

となり，ここで δS を $\delta\xi$ で割って，さらに $\delta\xi \to 0$ の極限を考えると

$$\lim_{\delta\xi \to 0}\frac{\delta S}{\delta\xi} = \lim_{\delta\xi \to 0}\frac{f(\xi)\delta\xi}{\delta\xi} = f(\xi) \tag{3.12}$$

ところで

$$\lim_{\delta\xi \to 0}\frac{\delta S}{\delta\xi} = \lim_{\delta\xi \to 0}\frac{S(\xi + \delta\xi) - S(\xi)}{\delta\xi} = \frac{dS(\xi)}{d\xi} \tag{3.13}$$

であるから

$$\frac{dS(\xi)}{d\xi} = f(\xi) \tag{3.14}$$

が成り立つ．また ξ は x 座標の任意の値であるから x に置き換えてしまうと結局のところ

$$\frac{dS(x)}{dx} = f(x) \tag{3.15}$$

となり，x の関数である $S(x)$ の導関数が $f(x)$ であることがわかる．このような場合，$S(x)$ を $f(x)$ の**原始関数**と呼ぶ．関数 $f(x)$ から原始関数 $S(x)$ を求める場合，より簡略化した書き方として，積分範囲を指定せずに積分記号を用いて以下のように書く．

$$S(x) + C = \int f(x)dx \tag{3.16}$$

ここで C は**積分定数**と呼ばれる任意の定数である．このような積分を不定積分と呼ぶ．例えば $f(x) = ax + b$ の場合を考えると，導関数が $f(x)$ となるような関数 $F(x)$ として，以下の関数が考えられる．

$$F(x) = \frac{1}{2}ax^2 + bx + C \tag{3.17}$$

3.3 微分・積分の公式

3.3.1 自然対数と $1/x$ の積分

熱力学で非常によく出てくる積分の公式として，対数関数の導関数を求めておこう。$f(x) = \ln x$ は e を底とする自然対数の関数である。式 (3.4) に代入すると以下のようになる。

$$\lim_{\delta x \to 0} \frac{\ln(x + \delta x) - \ln x}{\delta x} = \lim_{\delta x \to 0} \frac{1}{x} \frac{\ln\left(1 + \dfrac{\delta x}{x}\right)}{\dfrac{\delta x}{x}}$$

$$= \frac{1}{x} \ln\left\{ \lim_{h \to 0}(1 + h)^{1/h} \right\} \tag{3.18}$$

ここで，$h = \delta x/x$ とした。最後の式の極限値は**ネイピア数**と呼ばれ e の定義式である。左辺は $\ln x$ の微分の定義式であり，右辺では $\ln e = 1$ であるから，$f(x) = \ln x$ を x で微分すると以下のようになることがわかる。

$$\frac{d}{dx} \ln x = \frac{1}{x} \tag{3.19}$$

である。この式 (3.19) の両辺を x で積分すると以下の式が得られる。

$$\int \frac{d}{dx} \ln x \, dx = \int \frac{1}{x} dx$$

$$\ln x + C = \int \frac{1}{x} dx \tag{3.20}$$

したがって，$1/x$ の積分は $\ln x$ である。

3.3.2 部 分 積 分

共に x を変数とする関数の $f(x)$ と $g(x)$ の積として表される関数の積分を求める際には，以下に示すような**部分積分**の公式を用いる。

$$\int f(x)g(x)dx = F(x)g(x) - \int f(x)G(x)dx \tag{3.21}$$

また，定積分の場合には以下のようになる。

$$\int_a^b f(x)g(x)dx = \left[F(x)g(x)\right]_a^b - \int_a^b f(x)G(x)dx \tag{3.22}$$

ここで，F, G はそれぞれ f, g の原始関数である。

3.3.3 合成関数の積分

合成関数の積分をする際には以下の積分公式を使うことができる。例えば，$f(x)$ について $x = a$ から $x = b$ までの範囲の定積分を求めることを考える。このとき $x = g(t)$，$a = g(\alpha)$，$b = g(\beta)$ であるとすると，その積分は以下のように表される。

$$\int_a^b f(x)dx = \int_\alpha^\beta f(g(t))g'(t)dt = \int_\alpha^\beta f(g(t))\frac{dg(t)}{dt}dt \tag{3.23}$$

3.3.4 導関数の積分

関数 $f(x)$ の具体的な形はわからないが，$x = x_a$ における関数の値である $f(x_a)$ と $f(x)$ の導関数 df/dx がわかっているときに $x = x_b$ における $f(x_b)$ を求めることを考える。いま，**図 3.3** に示すように，x 軸の x_a と x_b の間を δx の幅で等間隔に細かく分割する。分割された x 軸の座標に $x_1, x_2, \ldots$ と番号をふ

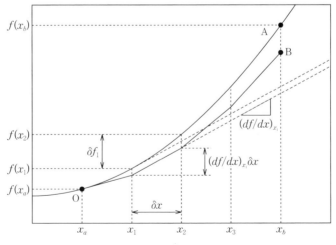

図 3.3　導関数の積分

3.3 微分・積分の公式

ると，それぞれの座標は Δx を用いて以下のように書くことができる。

$$x_a = x_0$$
$$x_a + \delta x = x_1$$
$$x_a + 2\delta x = x_2$$
$$\vdots$$
$$x_b = x_a + n\delta x = x_n$$

ただし，$n = (x_b - x_a)/\delta x$ である。δx が非常に小さいとき，$f(x)$ 上の隣り合う 2 点の差 δf_i，例えば $f(x_1)$ と $f(x_2)$ の差 δf_1 は，$x = x_1$ における微分係数を用いて以下のように表される。

$$\delta f_1 = f(x_2) - f(x_1) \cong \left(\frac{df}{dx}\right)_{x=x_1} \delta x \tag{3.24}$$

これを用いると，$\Delta f = f(x_b) - f(x_a)$ は以下のように δf_i の総和で表される。

$$\Delta f = f(x_b) - f(x_a)$$
$$= \{f(x_n) - f(x_{n-1})\} + \{f(x_{n-1}) - f(x_{n-2})\} + \cdots$$
$$+ \{f(x_2) - f(x_1)\} + \{f(x_1) - f(x_0)\}$$
$$= \sum_{i=0}^{n} \delta f_i \cong \sum_{i=0}^{n} \left(\frac{df}{dx}\right)_{x=x_i} \delta x \tag{3.25}$$

ここで $\sum_{i=0}^{n} \delta f_i$ は図 3.3 の点 O と点 A の差であり，右辺は点 O と点 B の差に相等する。ここで $\delta x \to 0$ の極限をとれば B はかぎりなく A に近づき，最終的に以下のようになる。

$$\Delta f = \lim_{\delta x \to 0} \sum_{i=0}^{n} \left(\frac{df}{dx}\right)_{x=x_i} \delta x = \int_{x_a}^{x_b} \left(\frac{df}{dx}\right) dx$$
$$= \left[f(x)\right]_{x_a}^{x_b} = f(x_b) - f(x_a) \tag{3.26}$$

これは，関数の積分の公式と同じである。したがって，$f(x_b)$ は

$$f(x_b) = f(x_a) + \int_{x_a}^{x_b} \left(\frac{df}{dx}\right) dx \tag{3.27}$$

となる。当たり前のような式であるが，熱力学ではこのような計算を多変数関数に拡張したものが頻繁に出てくる。

3.4 偏微分と全微分

関数が二つ以上の変数をもつような多変数の関数について，その微分と積分を考えてみよう．例えば，つぎのような関数 $f(x, y)$ を例に挙げ，その導関数を求めよう．

$$f(x, y) = x^2 - y^2 + xy \tag{3.28}$$

この関数は x と y の二つの変数をもつため，式 (3.4) にそのままの形で代入して導関数を求めることはできない．そこで，二つの変数のうちのどちらかにある値を代入し，その変数を定数としてしまおう．仮に $y = y_0$ とすると，$f(x, y_0)$ は x のみを変数としてもつことになり，式 (3.4) を使うことができるようになる．実際に代入すると

$$\begin{aligned}
&\lim_{\delta x \to 0} \frac{f(x + \delta x, y_0) - f(x, y_0)}{(x + \delta x) - x} \\
&= \lim_{\delta x \to 0} \frac{\{(x + \delta x)^2 - y_0^2 + (x + \delta x)y_0\} - (x^2 - y_0^2 + xy_0)}{\delta x} \\
&= \lim_{\delta x \to 0} \frac{2x\delta x + \delta x y_0}{\delta x} = 2x + y_0
\end{aligned} \tag{3.29}$$

となり，$f(x, y_0)$ の x に関する導関数の形となる．この意味を図で表すと，**図 3.4** のように関数 $f(x, y)$ を表す曲面から $f(x, y_0)$ となる曲線を取り出し，さらにその曲線上のある x の値に対して x 軸に平行な方向の $f(x, y_0)$ の傾きを求めたことになる．この式において，y_0 を別の y の値，例えば y_1 にしたとしても式の形は同じである．すなわち，ここで用いた関数 $f(x, y)$ については，y を定数とみなしてさえいれば，どんな y の値であっても x に関する導関数を計算することができる．このようにして計算した導関数を**偏導関数**と呼び，またこのような計算を**偏微分**と呼ぶ．

先ほどの $f(x, y)$ について x で偏微分するとき，以下のような書き方をする．

$$\left(\frac{\partial f(x, y)}{\partial x}\right)_y = 2x + y \tag{3.30}$$

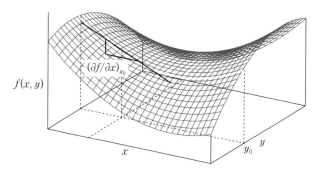

図 3.4 $f(x, y)$ と偏微分

ここで左辺の記号 ∂ は"ラウンド"と読み，偏微分であることを表す記号である。また括弧の右下の記号は偏微分をするときに一定であると仮定した変数を表している。同様にして y に対する偏導関数を求めることが可能である。式 (3.28) の $f(x, y)$ に対してそれを求めると以下のようになる。

$$\left(\frac{\partial f(x, y)}{\partial y}\right)_x = -2y + x \tag{3.31}$$

これらの偏導関数が得られれば，$f(x, y)$ を表す曲面上の任意の点について，x 方向および y 方向の傾きを求めることができる。つづいて，この偏微分を用いて，x 方向と y 方向の両方にわずかに移動したときの $f(x, y)$ の変化の大きさを求めてみよう。なめらかな関数 $f(x, y)$ を考え，その曲面上の点 $f(x_0, y_0)$ をとる。その点から少し離れた場所にある関数の値は $f(x_0 + \delta x, y_0 + \delta y)$ と表される。δx および δy が非常に小さいとき，二点間の曲面を平面で近似することにより，$f(x_0 + \delta x, y_0 + \delta y)$ は偏微分を用いて以下のように書き直すことができる。

$$f(x_0 + \delta x, y_0 + \delta y) = f(x_0, y_0) + \left(\frac{\partial f}{\partial x}\right)_y \delta x + \left(\frac{\partial f}{\partial y}\right)_x \delta y \tag{3.32}$$

これを図で表すと**図 3.5** のようになる。ここで，式 (3.32) の右辺第 2 項と第 3 項について $\delta x \to 0$，$\delta y \to 0$ の極限をとったものを以下のように定義する。

$$\lim_{\substack{\delta x \to 0 \\ \delta y \to 0}} \left\{\left(\frac{\partial f}{\partial x}\right)_y \delta x + \left(\frac{\partial f}{\partial y}\right)_x \delta y\right\} = \left(\frac{\partial f}{\partial x}\right)_y dx + \left(\frac{\partial f}{\partial y}\right)_x dy \equiv df \tag{3.33}$$

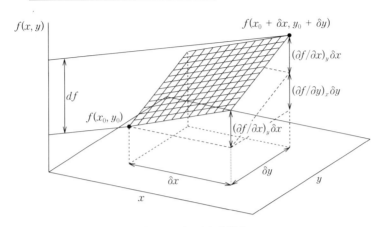

図 3.5 $f(x, y)$ と全微分

この df を **全微分**（より厳密には 1 次の全微分）と呼ぶ。この df は x, y を変数とする関数で表される。例えば $f(x, y) = \sin(x/y)$ であったとき，その全微分を求めると以下のようになる。

$$df(x, y) = \frac{\cos(x/y)}{y} dx - \frac{x \cos(x/y)}{y^2} dy \tag{3.34}$$

関数 $f(x, y)$ について，ある点 $A(x_A, y_A)$ における関数の値 f_A と関数の全微分 $df(x, y)$ がわかっていたとき，そこから離れた点 $B(x_B, y_B)$ における関数の値 f_B を求めてみよう。$f(x, y)$ は非常になめらかで関数の値やその微係数に不連続がないと仮定する。話を簡単にするために，**図 3.6** に示すような関数の曲面上のメッシュに沿って x 方向は δx，y 方向は δy ずつ移動し，移動するごとにその場で斜面の傾き（全微分）を測量するものとする。点 A から点 B までさまざまなルートを選択できるが，ここではまず I を通った場合を考えよう。スタート地点 A を I_0，A から少しだけ移動した点を I_1 というようにルート I 上をマークし，その点の値を f_i^I とすると，それらは $f(x, y)$ の偏微分を用いて以下のように表される。なお，偏微分の添字であるが，本来は y とすべきであるが，自明なためその代わりに場所を示す通し番号を使う。

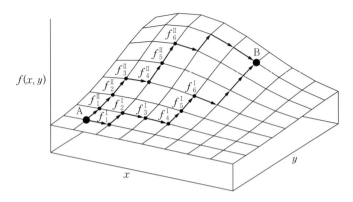

図 3.6 なめらかな関数 $f(x, y)$ の積分

$$f_A = f_0^{\mathrm{I}},$$
$$f_1^{\mathrm{I}} = f_0^{\mathrm{I}} + \left(\frac{\partial f}{\partial x}\right)_0^{\mathrm{I}} \delta x,$$
$$f_2^{\mathrm{I}} = f_1^{\mathrm{I}} + \left(\frac{\partial f}{\partial y}\right)_1^{\mathrm{I}} \delta y = f_0^{\mathrm{I}} + \left(\frac{\partial f}{\partial x}\right)_0^{\mathrm{I}} \delta x + \left(\frac{\partial f}{\partial y}\right)_1^{\mathrm{I}} \delta y,$$
$$f_3^{\mathrm{I}} = f_2^{\mathrm{I}} + \left(\frac{\partial f}{\partial x}\right)_2^{\mathrm{I}} \delta x = f_0^{\mathrm{I}} + \left(\frac{\partial f}{\partial x}\right)_0^{\mathrm{I}} \delta x + \left(\frac{\partial f}{\partial y}\right)_1^{\mathrm{I}} \delta y + \left(\frac{\partial f}{\partial x}\right)_2^{\mathrm{I}} \delta x,$$
$$\vdots$$
$$f_B = f_{N-1}^{\mathrm{I}} + \left(\frac{\partial f}{\partial y}\right)_{N-1}^{\mathrm{I}} \delta y,$$
$$= f_0^{\mathrm{I}} + \left(\frac{\partial f}{\partial x}\right)_0^{\mathrm{I}} \delta x + \left(\frac{\partial f}{\partial y}\right)_1^{\mathrm{I}} \delta y + \left(\frac{\partial f}{\partial x}\right)_2^{\mathrm{I}} \delta x + \cdots + \left(\frac{\partial f}{\partial y}\right)_{N-1}^{\mathrm{I}} \delta y$$
(3.35)

偏微分係数に δx（または δy）を掛けたものは，わずかに移動するごとに変化する関数の値の変化を表すので δf_i で表し，また f_A と f_B の差を Δf と表すと，以下のように書き直される。

$$f_B - f_A = \Delta f^{\mathrm{I}} = \sum_{i=0}^{N} \delta f_i^{\mathrm{I}} \tag{3.36}$$

A をスタートとするのは同じであるが，I とは別のルートである II を通ってB まで測量をしたとき，その標高差は同様にして以下のように表される。

$$f_B - f_A = \Delta f^{\mathrm{II}} = \sum_{i=0}^{N} \delta f_i^{\mathrm{II}} \tag{3.37}$$

どのようなルートを通って測量しても，スタートとゴールの地点が同じであればfの差は同じ値でなくてはならない。すなわち

$$\Delta f^{\mathrm{I}} = \sum_{i=0}^{N} \delta f_i^{\mathrm{I}} = \sum_{i=0}^{N} \delta f_i^{\mathrm{II}} = \Delta f^{\mathrm{II}} \tag{3.38}$$

である。どのルートを通っても同じであることから，ルートを示す記号をとることができ，さらに一般的な場合としてx方向とy方向の移動を総和の形でまとめると以下のように表すことができる。

$$f_B - f_A = \sum \delta f = \sum_x \left(\frac{\partial f}{\partial x}\right)_y \delta x + \sum_y \left(\frac{\partial f}{\partial y}\right)_x \delta y \tag{3.39}$$

さらに$\delta x \to 0$，$\delta y \to 0$の極限をとると，和を積分に置き換えることができるので以下のようになる。

$$f_A - f_B = \int_{x_A}^{x_B} \left(\frac{\partial f}{\partial x}\right)_y dx + \int_{y_A}^{y_B} \left(\frac{\partial f}{\partial y}\right)_x dy = \int_A^B \left\{\left(\frac{\partial f}{\partial x}\right)_y dx + \left(\frac{\partial f}{\partial y}\right)_x dy\right\}$$
$$= \int_A^B df \tag{3.40}$$

ここで積分範囲をAからBとしたが，これは(x_A, y_A)から(x_B, y_B)までの二点間の積分であることを意味している。また，最後の式には全微分の記号を用いた。すなわち，AからBまでの二点間の高度差は，関数のfの微小な変化量dfの総和として表され，またその微小な変化量dfは全微分の式と等価である。さらに，重要なこととして，関数がなめらかな場合には，そのAからBまでの変化量Δfはその積分を行う道筋によらない。なお，式(3.40)は式(3.27)を多変数関数に拡張したものに相等する。

ところで，関数がなめらかでない場合にはどのようなことになるであろうか。例えば，**図3.7**のように不連続があるような関数の場合，ルートIとルートIIでは，終着点のx座標とy座標が同じであっても$f(x, y)$は異なった値となる。このような場合は，不連続のところで関数fの全微分をつくることができず，したがって先ほどの積分の式は成立しなくなる。

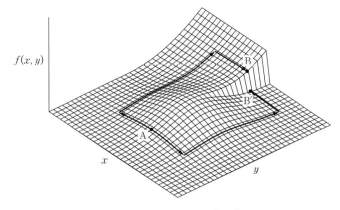

図 3.7 なめらかでない関数の積分

3.5 完全微分の公式

通常の微分記号のときと同様に偏微分記号についても $\partial/\partial x$ で一つの記号であり，一般的な関数の場合に逆関数の微分や微分する変数の入替えなどを行うには少々煩雑な計算をしなければならない。関数 $f(x, y)$ が問題を考える範囲内でなめらかであるとき，その（1 次の）全微分を**完全微分**と呼ぶ。完全微分をつくるためには，元の関数がなめらかであればよいが，数式としてその必要十分条件を表すと以下のようになる。

$$\left\{\frac{\partial}{\partial y}\left(\frac{\partial f(x,y)}{\partial x}\right)_y\right\}_x = \left\{\frac{\partial}{\partial x}\left(\frac{\partial f(x,y)}{\partial y}\right)_x\right\}_y \tag{3.41}$$

これを**オイラーの関係**という。

完全微分がつくれる関数であれば偏微分記号であっても分数のように扱うことができるため，その計算を非常に簡単に進めることができる。例えば以下のような完全微分について

$$df = \left(\frac{\partial f}{\partial x}\right)_y dx + \left(\frac{\partial f}{\partial y}\right)_x dy \tag{3.42}$$

両辺の y を一定であるとすると $dy = 0$ となり，さらに以下のように書き直される。

$$df_{y-\text{定}} = \left(\frac{\partial f}{\partial x}\right)_y dx_{y-\text{定}} \tag{3.43}$$

df や dx は関数や変数の微小な変化量であるため，普通に掛け算や割り算をすることができる．ここで上式の両辺を $dx_{y-\text{定}}$ で割ると

$$\frac{df_{y-\text{定}}}{dx_{y-\text{定}}} = \left(\frac{\partial f}{\partial x}\right)_y \tag{3.44}$$

となり，微小な変化量を割り算したものと偏微分を等しいとおくことができる．これは，完全微分の式を変形する際に，微小な変化量の割り算と偏微分を入れ替えて計算を進めてよいことを意味する．一般には，最初に一定であるとした変数を書かずに計算を進めるが，計算に慣れるまではそもそもなにを一定にしたのかわからなくなることがよくある．かといって，毎回 $df_{y-\text{定}}$ のように書くのは煩雑である．そこで，この本では（あまり一般的ではないが）以下のような記号を用いることにする．

$$df_{y-\text{定}} = (\partial f)_y \tag{3.45}$$

これを用いると先ほどの式は以下のように書き直すことができる．

$$\frac{(\partial f)_y}{(\partial x)_y} = \left(\frac{\partial f}{\partial x}\right)_y \tag{3.46}$$

左辺の $(\partial f)_y$ や $(\partial x)_y$ は，y を一定としたときの f や x の微小な変化量であるため，通常の計算と同様に割り算や掛け算をすることができる．この記号を用いて，全微分に関係するいくつかの公式を導出しておこう．まず，式(3.46)左辺の分子と分母を入れ替える．$(\partial f/\partial x)_y$ は関数であるため，掛け算や割り算をすることができるので

$$\frac{(\partial x)_y}{(\partial f)_y} = \left(\frac{\partial x}{\partial f}\right)_y = \frac{1}{\left(\frac{\partial f}{\partial x}\right)_y} \tag{3.47}$$

が得られる．すなわち逆関数の微分は元の関数の微分の逆数として計算できる．つぎに以下の全微分の式

$$dz = \left(\frac{\partial z}{\partial x}\right)_y dx + \left(\frac{\partial z}{\partial y}\right)_x dy \tag{3.48}$$

についてzを一定にすると

$$0 = \left(\frac{\partial z}{\partial x}\right)_y (\partial x)_z + \left(\frac{\partial z}{\partial y}\right)_x (\partial y)_z \tag{3.49}$$

したがって

$$\frac{(\partial y)_z}{(\partial x)_z} = \left(\frac{\partial y}{\partial x}\right)_z = -\frac{\left(\frac{\partial z}{\partial x}\right)_y}{\left(\frac{\partial z}{\partial y}\right)_x} = -\left(\frac{\partial y}{\partial z}\right)_x \left(\frac{\partial z}{\partial x}\right)_y \tag{3.50}$$

さらに，ここに式 (3.47) に示した逆関数の微分の式を用いて整理すると

$$\left(\frac{\partial y}{\partial x}\right)_z \left(\frac{\partial x}{\partial z}\right)_y \left(\frac{\partial z}{\partial y}\right)_x = -1 \tag{3.51}$$

となる．最後に，以下の式について

$$df = \left(\frac{\partial f}{\partial x}\right)_y dx + \left(\frac{\partial f}{\partial y}\right)_x dy$$

$z = z(x, y)$ を一定として

$$(\partial f)_z = \left(\frac{\partial f}{\partial x}\right)_y (\partial x)_z + \left(\frac{\partial f}{\partial y}\right)_x (\partial y)_z \tag{3.52}$$

この両辺を $(\partial x)_z$ で割ると

$$\frac{(\partial f)_z}{(\partial x)_z} = \left(\frac{\partial f}{\partial x}\right)_y + \left(\frac{\partial f}{\partial y}\right)_x \frac{(\partial y)_z}{(\partial x)_z}$$

$$\therefore \left(\frac{\partial f}{\partial x}\right)_z = \left(\frac{\partial f}{\partial x}\right)_y + \left(\frac{\partial f}{\partial y}\right)_x \left(\frac{\partial y}{\partial x}\right)_z \tag{3.53}$$

が得られる．

章 末 問 題

(3.1) 図 3.5 を立体の模型として作成し，偏微分係数と df の関係を確かめなさい．

(3.2) 図 3.7 を立体の模型として作成し，積分の経路と積分値の関係を確かめなさい．

4 内部エネルギーと熱力学第一法則

　熱力学では，ある状態から別の状態に変化する際の熱と仕事の計算方法を微小な変化量の積分として計算する。さらに内部エネルギーの定義とそれが状態量と呼ばれる特殊な量の一つであることを示す。その際，理想気体の状態方程式は，内部エネルギーや仕事の計算において非常に重要な役割を担う。高校の物理において，なぜ圧力一定のときの仕事の計算が例に挙げられていたか，この章で明らかになるだろう。

4.1 系 と 外 界

　熱力学を考えるとき，対象となる物体や物質を"系"と呼び，系を取り囲む世界のことを"外界"と呼ぶ。熱力学では"系"と"外界"は"壁"によって隔てられていると考え，その"壁"には考える問題に応じていくつかの条件を設定する。その条件の下で"外界"の状況を変化させたとき，壁の中の"系"の状況がそれに応じてどのように変化するかを考えるのが熱力学である。"壁"の特徴として代表的なものを以下に挙げる。

　断　熱　壁：系と外界との間で熱の移動が起こらないようにした壁
　剛　体　壁：位置の移動や変形が起こらないようにした壁
　密　閉　壁：原子や分子などの物質の移動が起こらないようにした壁

　これらの特徴をいくつか組み合わせることにより，さまざまな条件が設定できる。熱力学でよく用いられる系には以下のような名前が付いている。

　孤　立　系：断熱，剛体，密閉の壁で囲まれた系。外界と系はまったく関係しない。

閉　鎖　系：薄くて柔軟な密閉の壁で囲まれた系。系の体積は可変であり，外界と系の温度・圧力が同じになる。

開　放　系：分子を透過する薄くて柔軟な壁で囲まれた系。系の体積と分子の数は可変であり，外界と系の温度・圧力・密度（濃度）が同じになる。

図 4.1 に示すように，孤立系はステンレスのマグボトルの中にある物質のような状況であり，気温や気圧などの外界の状況がどのように変わろうとも壁の中の系に対する影響はない。閉鎖系は風船やペットボトルのような柔らかく薄い容器の中にある物質のような状況であり，外界の温度や気圧に応じて壁の中の系の温度や体積が変化する。開放系は布の袋のような穴の開いた容器の中にある物質のような状況であり，外界の気圧や温度に応じて系の温度や体積が変化するだけでなく，分子や原子の出入りも自由に行える。

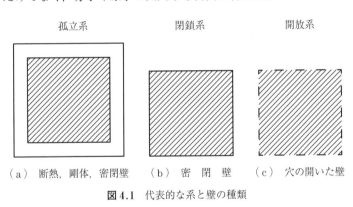

図 4.1　代表的な系と壁の種類

4.2　熱 と 温 度

1 章で，気体の温度 T は，分子の運動エネルギーの平均値に比例した量であることを示した。これは気体にかぎったことではなく，液体や固体であっても，その温度は物質を構成する分子や原子の運動エネルギーに比例した量と考えてよい。すなわち，温度の高い物質の原子は平均的に大きな運動エネルギー

をもち,温度の低い物質の原子は平均的に小さな運動エネルギーをもつ。固体や液体は,気体と比較して密度が著しく高くなっている。融点よりも低い温度になると,原子や分子は自由に動き回るだけの運動エネルギーを失い,周囲の原子と規則的に並び始める。アルゴンを例にとれば融点は −189.3℃ であり,それ以下の温度では面心立方構造の結晶となっている。結晶を構成する分子は,その位置で静止しているわけではなく,決まった位置において温度に対応した平均の運動エネルギーをもって3次元的な振動運動をしている。

　ここで,温度の高い固体と温度の低い固体を接触させた場合を考えよう。**図4.2**に示したように両者が接触したところでは,高い運動エネルギーで振動している分子と低い運動エネルギーで振動している分子が隣り合うような状況が発生する。このようなところでは,分子間に働くさまざまな力を仲立ちとして運動エネルギーの高い分子から低い分子へとエネルギーが移動していく。例えば,ビリヤードのように静止した球Aに別の球Bを衝突させると,衝突させた球Bが静止しその代わりに静止していた球Aが動き出す。これは球Bから球Aへ運動エネルギーが移動したことに相当する。温度の異なる物体の接触した界面では,これと同様のことが至る所で起きていると考えてよい。

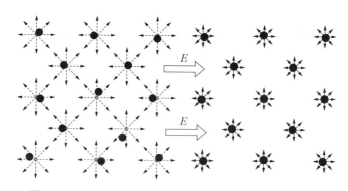

図4.2 高温の物体と低温の物体の接触によるエネルギーの移動

　接触面の原子Aから運動エネルギーを受け取った原子Bは,さらに隣にある運動エネルギーの小さな原子Cへと運動エネルギーを伝えていく。温度の低い物体の側にいる運動エネルギーの高い分子から温度の高い物体の側にいる

運動エネルギーの低い分子へとエネルギーが移動するような逆向きの変化も当然起こっているが，全体としては温度の高い物体から温度の低い物体へとエネルギーが移動する．なお，個々の分子が伝達する運動エネルギーの大きさはきわめて小さくそれを検知することは難しいが，10^{23} 個の原子が伝える運動エネルギーは膨大であり，われわれのもつ計測手段でそれを温度の変化として十分に検知することができる．

　温度の異なる物体を接触させて十分長い時間が経過すると，両者の温度は一致する．これは，上記のようにして温度の異なる物体間でエネルギーのやり取りがつづき，その結果として両者の物体を構成する分子のもつ平均の運動エネルギーが等しくなったことに相当する．ただし，物体間のエネルギーのやり取りがなくなったわけではなく，個々の分子のエネルギーのやり取りはつねに生じており，分子集団の長時間の平均として，物体間のエネルギーのやり取りが等しくなっていると考えることができる．

　微視的な分子の運動に伴って移動するエネルギーが巨視的にとらえられるような大きさになったとき，われわれはそれを**熱**と呼ぶ．熱力学では熱を表す記号として Q（もしくは q）を用いることが多い．熱はエネルギーの一種であり，SI 単位系では〔J〕（ジュール）を用いる．自然の姿として，温度の高い物体から温度の低い物体へと熱は移動する．熱を受け取った物体の温度は上昇し，逆に熱を失った物体の温度は下降する．熱の移動には複数の方法があり，原子と原子の衝突に基づく**熱伝導**と呼ばれる熱の移動，赤外線などの光の形による"輻射"と呼ばれる熱の放出，気体や液体の流動を伴う"対流"と呼ばれる熱の移動などがある．

　いま，物体 A と物体 B が接触したとき，A から B もしくは B から A への熱の移動が起こらなかったとき，物体 A と物体 B の温度は等しいという．また物体 A と物体 C を接触させたときに熱の移動が起こらなければ，物体 A と物体 C の温度は等しい．このような場合，物体 B と物体 C を接触させても熱の移動は起こらない．すなわち物体 A と物体 B の温度が等しく，物体 A と物体 C の温度が等しければ，物体 B と物体 C の温度は等しいということができる．

これは，**熱力学第ゼロ法則**と呼ばれる。

アルコールや水銀などの液体は，人間が生活しているような温度や気圧の中では，温度と体積がほぼ比例の関係を示す。このことを利用してわれわれは簡易的に気温やいろいろな物の温度を決めている。まず，水の凝固点や沸点など基準となる温度の物体と容器に入ったアルコールを接触させ，十分長い時間の後に熱の移動が起こらなくなったときのアルコールの体積をその温度の体積として決めておく，いくつかの基準の温度に対してそのときの体積を決めた後，温度を知りたい物体に容器とアルコールを接触させ，十分時間がたったのちにそのときの体積を基に物体の温度を求めることができる。これがわれわれの使っている温度計の原理である。

4.3　熱容量と比熱

物体の温度を単位の温度（通常は1K（ケルビン））だけ上昇させるのに必要な熱（エネルギー）を**熱容量**と呼ぶ。ある量の均質な物質からなる物体に対して，与えた熱量を ΔQ，そのときの温度上昇を ΔT とすると，その物体の熱容量 C は以下のように表される。

$$C = \frac{\Delta Q}{\Delta T} \tag{4.1}$$

SI単位系では熱容量の単位は〔J/K〕である。物体の熱容量 C と温度の変化 ΔT がわかれば，以下の式からそのときに物体に与えられた熱量を知ることができる。

$$\Delta Q = C\Delta T \tag{4.2}$$

物体の温度を1K上げるために必要な熱量は，その物質を構成するモル数（分子数）に比例する。すなわち，物体の大きさを2倍にすると，1K温度を上げるために必要な熱量は2倍になり，熱容量も2倍になる。熱容量を質量やモル数など物体の量で割っておくと，その物質に固有の量として扱うことができる。この熱と温度に関わる物質固有の量を**比熱**と呼び，質量で割って1グラ

ム当りの熱容量にしたものを**グラム比熱**（単位は〔J/(K·g)〕），モル数で割って1モル当りの熱容量にしたものを**モル比熱**（単位は〔J/(K·mol)〕）と呼ぶ。

　比熱を考える対象が気体の場合には，熱をやり取りする際の壁の条件と比熱の大きさが関係する。具体的には，熱を与えて1Kの温度を上昇させる際に，剛体・密閉の壁を用いて気体の体積を一定にした場合よりも，圧力一定の（すなわち剛体の条件を外して体積の変化を許した）場合のほうが，つぎの4.4節で説明する体積変化による仕事の分だけ必要な熱は大きくなる。体積を一定にした場合の比熱を**定積比熱**（または定容比熱）といい C_V で表し，圧力を一定にした場合の比熱を**定圧比熱**といい C_P で表す。なお，液体や固体の場合には，壁の特性はほとんど問題にならず，C_V と C_P はほぼ同じであるとしても大きな問題は生じない。

　物体を加熱することによって物体の温度は上昇するが，これは物体に対して熱という形でエネルギーを与えることにより，物体を構成する原子の平均の運動エネルギーが増加したことに相当する。ある温度 T_A から別の温度 T_B まで物体の温度が変化したとき，その物体のもつエネルギーがどれだけ変化したのかについては，その物質の比熱がわかっていれば計算で求めることができる。話を簡単にするため，純度100％のアルミニウムの塊のように体積の変化による仕事が非常に小さい物体について考える。温度の変化がそれほど大きくなく，比熱の値が一定とみなせるとき，物体のエネルギーの変化 ΔE_Q は物体を構成する物質のモル数 n，モル比熱 C，温度変化の大きさ $\Delta T = T_B - T_A$ を用いて

$$\Delta E_Q = nC\Delta T \tag{4.3}$$

と書くことができる。

　物質の比熱が温度によって変化するような場合に ΔE_Q を求めるには，比熱を温度の関数 $C(T)$ と考えてある温度 T_i からわずかに異なる温度 $T_i + \delta T$ まで変化させた際のエネルギーの変化 $\delta E_Q(T_i)$ を求め，つづいて少しずつ温度を変えながらエネルギーの変化を足し合わせればよい。すなわち

$$\Delta E_Q = \sum_i nC(T_i)\delta T \tag{4.4}$$

となる。また、温度変化 δT を無限に小さくすると総和を積分で置き換えることができるので、以下のように表される。

$$\Delta E_Q = \int_{T_A}^{T_B} nC(T)dT \tag{4.5}$$

なお、温度変化の途中に融解や蒸発などの相変化がある場合については、これに相変化に必要な潜熱（エネルギー）を加えればよい。

4.4 物質に対する仕事

図 4.3 に示すように、物体に力を働かせてその位置を x_A から x_B まで移動させたとき、その物体に対して外界がした仕事 ΔW は力 F に移動距離 $\Delta x = x_B - x_A$ を掛けることで得られる。

$$\Delta W = F\Delta x \tag{4.6}$$

ただし、上記の式では移動に要する力は一定であるとしている。

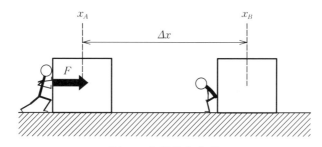

図 4.3 力学的な仕事

移動の途中で力が変化する場合には、力を位置座標 x_i の関数 $F(x_i)$ と表し、δx だけわずかに移動させながらそのときの仕事 δW_i を求めておき、最後に全体の移動に対する総和を集計すればよい。

$$\Delta W = \sum_i \delta W_i = \sum_i F(x_i)\delta x \tag{4.7}$$

さらに、δx を無限に小さくすると総和を積分で置き換えることができ

$$\Delta W = \int_{x_A}^{x_B} F(x)dx \tag{4.8}$$

となる。SI単位系では仕事の単位は〔J〕であり，エネルギーの単位をもった量である。例えば，1章で示したように重力に逆らって物体を持ち上げたときの仕事の大きさは，移動後の物体の位置エネルギーと等しくなる。

閉鎖系の物質に対して外界から圧力をかけた場合を考えよう。これは外界が物質に対してあらゆる方向から同じ大きさの力をかけることになり，**図 4.4** のように物質は圧縮されてその体積は小さくなる。これは，物質の表面に対して面積×圧力の大きさの力を加えてその表面を移動させることであり，物質に対して外界が仕事をしたと考えることができる。このとき，物質そのものの位置が移動したわけではないので，仕事によるエネルギーは原子の平均の運動エネルギーや位置エネルギーなどの形で物体の中に蓄えられていることになる。

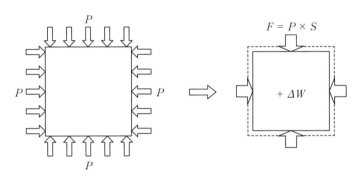

図 4.4 圧力と体積変化による仕事

では，このときの仕事の大きさを求めてみよう。話を簡単にするために，**図 4.5（a）**に示すように，注射器のようなシリンダーとなめらかに動くピストンでできた空間に気体を入れたものを考える。なお，ピストンの質量は非常に小さく，無視できるとする。中の気体はピストンの内壁に対して外向きの圧力 P_g をもち，ピストンの断面積 S × 圧力 P_g の大きさの力 F_g でピストンを外向きに押し出そうとしている。外界がそれと逆向きに等しい大きさの力を働かせていれば，ピストンの位置は移動しない。例えば，外界 P_a の圧力（大気圧）が気体の圧力 P_g と同じであれば，ピストンを押す力は釣り合っており，ピストンは移動しない。そこで，図（b）のように，外界を真空にし，圧力による

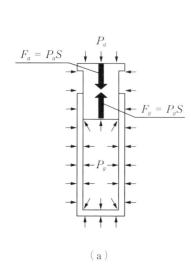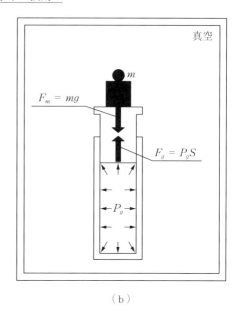

(a) (b)

図 4.5 ピストンとシリンダー

力の代わりにピストンの上に質量 m の重りを乗せて力を釣り合わせてピストンを静止させた場合を考えよう．重力加速度を g とすると，重りはピストンを下向きに mg の大きさの力 F_m で押し下げている．それに対して気体はピストンの断面積 S × 圧力 P の力 F_g でピストンを押し上げている．ピストンが静止していれば，下向きの力 F_m と上向きの力 F_g の大きさが等しくなっている．

ここで，図 4.6 に示すように，静止したピストンの上に非常に小さな重り（例えばちりやほこりのようなもの）が追加されたとする．どのくらい小さいかというと，われわれが使うことのできる秤(はかり)では，その小さな重りを載せる前と後の全体の重さの違いが検知できない程度にごくわずかであるとしておく．そのわずかな重さの増加により釣り合っていた力のバランスが崩れ，ピストンが非常に小さな距離 δL だけ押し下げられたとする．そのときの重りの位置エネルギーの減少量 δE_P は

$$\delta E_P = mg\delta L \tag{4.9}$$

である．ここで g は重力加速度である．この減ってしまった重りの位置エネル

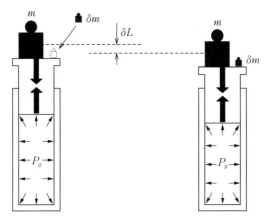

図 4.6 重りの位置と体積変化による仕事

ギーはどこに行ったのか考えてみよう。重りがピストンを押し下げるとき，下向きの F_m の力で（実際はほとんど検知できないくらいわずかであるが，F_m よりも少しだけ大きな力で）ピストンを押しながら δL の距離を移動させている。そのときの重りがピストンに対してする仕事 δW_m は

$$\delta W_m = F_m \delta L \tag{4.10}$$

である。このときの F_m は気体がピストンを上向きに押す力 F_g と大きさが同じで向きが反対の力であるから，$F_g = F_m$ である。さらに F_g はガスの圧力 P × ピストンの断面積 S であり，ピストンを δL だけ押し下げると気体の体積は減るので $S\delta L = -\delta V$ となり，最終的に δW_m は

$$\delta W_m = PS\delta L = -P\delta V \tag{4.11}$$

となる。このピストンを移動させた仕事，すなわち重りの位置が下がることによる位置エネルギーの減少量は，最終的に気体を圧縮することに使用されたことになる。

気体を圧縮するということは，気体と接するピストンの面が気体に向かって進行するということであり，**図 4.7** のように速度 v_a をもつ気体の分子にとってみれば自分自身に向かってくる壁（速度 $-v_w$）と衝突をすることになる。静止した壁と弾性衝突する場合には分子の運動エネルギーの増減はないが，向

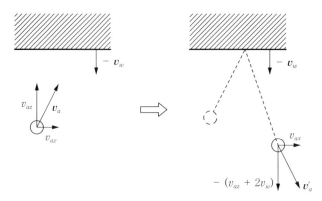

図 4.7 ピストンの移動と分子の運動エネルギーの変化

かってくる壁に衝突する場合にはその壁から受け取るエネルギーの分だけ加算された運動エネルギーを分子がもつことになる。

エネルギー保存の法則を考えれば，その増加した分子の運動エネルギーを気体のすべての分子について加えたものと，重りの位置が下がることによる位置エネルギーの減少量が等しくなければならないから

$$\delta E_p = \delta W = -P\delta V \tag{4.12}$$

となる。これが気体を圧縮する際に外界から気体が受け取る仕事であり，その仕事の結果，ピストンの中の気体のエネルギーは増加することになる。なお，これまでの議論では，ピストンの壁は熱を通しにくい材質でできていて，気体が圧縮される間に外部から熱（エネルギー）の出入りが起こらないと仮定している。非常に小さな重りが取り除かれて，ピストンの上の重さが元に戻ったとしよう。気体の圧力によって押し上げる力のほうが重りによって押し下げられていた力よりも大きくなるので，理想的には気体は徐々に膨張してピストンと重りは元の位置に戻るはずである。ピストンの中の気体は，重りを押し上げた仕事の分だけエネルギーを失い，そのエネルギーは重りの位置エネルギーに変わったことになる。

上記の計算では体積がわずかに圧縮される間に気体の圧力は変化しない（一定である）としたが，理想気体の状態方程式にあるように気体の圧力は，本来

その体積や温度によって変化する。圧縮による体積の変化が大きくその間に圧力が変化する場合，まず体積 V と温度 T を変数とした関数 $P(V,T)$ を使い，つぎにある状態（温度 T_i と体積 V_i）において δV だけわずかに体積を変化させたときの仕事 δW_i を $-P(V_i,T_i)\delta V$ として計算し，それをつぎつぎと繰り返して体積変化の開始から終了までの仕事の総和を求めればよい。また，δV をかぎりなく小さくすることにより総和を積分で置き換えることができるから，仕事を求める式は以下のようになる。

$$\Delta W = \sum_i \delta W_i = -\sum_i P(T_i, V_i)\delta V = -\int_{V_A}^{V_B} P(T,V)dV \tag{4.13}$$

圧縮や膨張のような物質の体積変化による仕事は，気体だけでなく液体や固体でも同様に考えることができる。しかしながら，圧縮だけで固体や液体の体積を変化させるためには非常に高い圧力を必要とするため，われわれが生活しているような環境ではこの仕事をほぼゼロとしてほとんど問題ない。

体積変化による仕事の他に，電磁気的な相互作用によるエネルギーの変化や化学反応によるエネルギーの変化も同様に仕事として扱い，物質のエネルギー変化を求めることができる[15]。

4.5 熱力学第一法則

これまでに述べたように，外界は系（物質）に対して熱や仕事の形でエネルギーを出し入れすることができる。エネルギーの授受を行った物質は，その置かれている状況に応じて体積，温度，圧力などが変化する。いま，物質に対して微小な熱 δQ と微小な仕事 δW が加えられ，その物質のもつエネルギーが dU だけ増加したとする。これらの関係を式として表すと以下のようになる。

$$dU = \delta Q + \delta W \tag{4.14}$$

さらに仕事として体積変化の仕事だけを考えると，以下のように書き直すことができる。

$\delta W = -PdV$

$\therefore \quad dU = \delta Q - PdV \tag{4.15}$

ここで仕事にマイナス符号が現れたのは,物質と外界の間の仕事のやり取りについて物質のエネルギーが増加する方向を正の方向とするためである。具体的には,体積が増加する(膨張する)ときには物質が外界に対して仕事をしており,その結果として物質のエネルギーが減少する。逆に体積が減少する(圧縮される)ときには物質に対して外界が仕事をしており,物質のエネルギーは増加する。すなわち体積変化の符号(増えるときには+,減るときには-)とエネルギーの変化の方向がちょうど逆の関係になっているため,圧力×体積変化の項の前にマイナスをつけておくのである。

ある平衡状態にある物質に外界からエネルギーを与えたり,逆に物質から外界にエネルギーを取り出したりすると別の平衡状態に変化する。このときの状態量の変化(温度や圧力などの変化)と内部エネルギーの変化量の関係を調べてみよう。話を簡単にするために状態方程式がわかっている理想気体について考えよう。ピストンとシリンダーでできた空間に充填した n モルの理想気体の最初の状態を状態 A とし,そのときの状態量を温度 T_A,圧力 P_A,体積 V_A とする。ここに外界から熱の形のエネルギーを与えた結果,状態が変化して温度 T_B,圧力 P_B,体積 V_B の状態 B に変化したとする。このときに物質の受け取った熱を,(理想気体の比熱)×(温度変化)として計算しようとしたとき,このときに使う比熱は以前に説明した C_V と C_P のどちらを使うべきであろうか。実は,気体に熱を与えるときの条件をあらかじめ決めておかないと,どちらの比熱を使うべきか判断できなくなってしまう。すなわち,あらかじめ決めた条件に対応する比熱を用いる必要がある。以下に,いくつかの代表的な条件について述べる。

4.5.1 体積一定のときのエネルギーの変化

まず体積を一定にした場合(定積変化)を考えよう。ピストンを動かないように固定することでこれは実現することができる。体積一定の条件の下で物質

に熱が出入りするので，微小な熱と温度の関係は定積モル比熱 C_V を使って

$$\delta Q = nC_V dT \tag{4.16}$$

と書ける。理想気体の温度と外界の温度がつねに等しくなっていることを維持しながら，非常にゆっくりと外界の温度（＝理想気体の温度）を T_A から T_B まで変化させたとすると，気体の受け取った熱は以下のようになる。

$$(\Delta Q)_V = \int_{T_A}^{T_B} nC_V dT = nC_V(T_B - T_A)_V = nC_V(\Delta T)_V \tag{4.17}$$

なお，理想気体の比熱は温度によらず一定である。温度の変化 ΔT を求めるときは，必ず変化後の温度から変化前の温度を引くことに注意しよう。温度にかぎらず，状態量の変化量を計算する際は，このように変化後から変化前を差し引くようにすることで符号を含めて正しく計算することができる。また，エネルギー保存の法則から外界は ΔQ の熱を失っている（符号を含めて書くと「外界は $-\Delta Q$ の熱を得た」ともいえる）。ただし，外界は非常に大きいため，この程度の熱の変化では外界の温度までは変化しない。内部エネルギーの変化量 ΔU は，式 (4.16) を式 (4.15) に代入し，体積一定の条件（$dV = 0$）で状態 A から状態 B まで積分することで得られる。

$$(\Delta U)_V = \int_{U_A}^{U_B} dU = \int_{T_A}^{T_B} nC_V dT = (\Delta Q)_V \tag{4.18}$$

ここで，体積一定の条件（$V_A = V_B$）を用いているので仕事としてのエネルギーのやり取りはゼロとなり，内部エネルギーの変化量は熱として受け取ったエネルギーの大きさと等しくなる。

ところで，単原子理想気体の分子の運動から求めた内部エネルギー（平均の全エネルギー）が

$$U = \frac{3}{2} nRT \tag{4.19}$$

であったことを思い出そう。温度と体積を変数とした理想気体の内部エネルギーをグラフとして表すと図 4.8 のようになる。$U(V, T)$ を表す斜面の傾きが C_V であり，式 (4.18) の積分は図で点 A から点 B までの高低差 ΔU と式 (4.18) の積分が等しくなることを意味している。

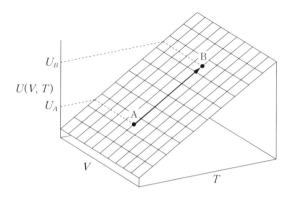

図 4.8 体積一定のときの内部エネルギーの変化

4.5.2 圧力一定のときのエネルギーの変化

つづいて圧力を一定にしたとき（定圧変化）を考えよう。縦向きに置いたピストンを可動にして上に重りを乗せることで，ピストンを一定の力で押すことができる。それを内部の気体の圧力でピストンを押し返す力と釣り合わせておくことで，理想気体の圧力を一定の値にすることができる。このような状況の下で，外部からピストンの中の理想気体に熱を与えて T_A から T'_B に変化させたとする。温度が増加すると内部の圧力も増加するが，ピストンは自由に動くことができるので，重りによる力と気体の圧力により押し返す力が釣り合うように体積が変化し，結果として気体の圧力は一定に保たれて $P_A = P'_B$ となる。このときに理想気体が受け取った熱は，圧力一定の下で物質に熱が出入りするので，定圧比熱 C_P を使うことができ，以下の式で求められる

$$(\Delta Q)_P = \int_{T_A}^{T_R} nC_P dT = nC_P(T'_B - T_A)_P = nC_P(\Delta T')_P \tag{4.20}$$

圧力一定ではボイルの法則に従って理想気体の温度 T と体積 V が比例する。つまり T_A から T'_B に温度が変化するとそれに従って体積も V_A から V'_B に変化し，その結果としてピストンに乗っている重りを上下させる。すなわちピストンの中の気体のエネルギーが仕事の形で外界に移動し，外界の重りの位置エネルギーに形を変えたことになる。このときの仕事は，つぎのようにして計算す

ることができる。

$$(\Delta W)_P = -\int_{V_A}^{V_B'} P dV = -P\int_{V_A}^{V_B'} dV = -P(V_B' - V_A)_P = -P(\Delta V)_P$$
(4.21)

ここで，圧力 P が一定であることを用いて P を定数として積分の前に出している。これらを用いると，圧力を一定としたときの内部エネルギーの変化量として以下が得られる。

$$(\Delta U)_P = (\Delta Q)_P + (\Delta W)_P = nC_P(T_B' - T_A)_P - P(V_B' - V_A)_P \quad (4.22)$$

ここで理想気体の状態方程式の関係（$PV = nRT$）を用いると

$$(\Delta U)_P = nC_P(T_B' - T_A)_P - nR(T_B' - T_A)_P \quad (4.23)$$

となる。ところで，単原子理想気体の内部エネルギーが $U = 3nRT/2$ であることを用いると，圧力一定のときの温度差 $(T_B' - T_A)_P$ と体積一定のときの温度差 $(T_B - T_A)_P$ を等しくする，すなわち $T_B' = T_B$ としたとき，$(\Delta U)_V = (\Delta U)_P$ が成り立つはずである。したがって

$$C_V(T_B - T_A) = C_P(T_B - T_A) - R(T_B - T_A) \quad (4.24)$$

$T_B \neq T_A$ であるから両辺を $T_B - T_A$ で割ると

$$C_V = C_P - R \quad (4.25)$$

が成り立つ。これは理想気体の定積比熱と定圧比熱の関係を表す式であり，1章で示したマイヤーの式と同じ式である。

4.5.3 温度一定のときのエネルギーの変化

外界からシリンダーの中の理想気体に熱を与えると同時にピストンに乗せている重りの重さを調節すると，入ってきたエネルギー（熱）と出ていくエネルギー（仕事）の大きさを等しくすることができる。理想気体の内部エネルギーは $U = 3nRT/2$ であり，温度のみを変数とする関数で表されるから，内部エネルギーの変化量 ΔU がゼロであれば，温度の変化量 ΔT もゼロとなる。このような変化を**等温変化**と呼ぶ。等温変化において系に出入りした熱の量をどのように求めたらよいであろうか。温度が一定であるため，前の二つの例のよう

に比熱と変化前後の温度差から求めることは不可能であるが，熱力学第一法則の式 (4.14) を用いることで間接的に求めることができる．

等温変化の際の熱の変化量を $(\delta Q)_T$，仕事を $(\delta W)_T$ とすると，内部エネルギーの変化量 $(\delta U)_T$ は以下のように表される．

$$(\delta U)_T = (\delta Q)_T + (\delta W)_T = 0 \tag{4.26}$$

仕事と熱の関係を圧力と体積を用いて書き直すと以下のように書くことができる．

$$(\delta Q)_T = -(\delta W)_T = (P\delta V)_T \tag{4.27}$$

すなわち，等温変化における熱の量は，物質が外界にした仕事にマイナス符号をつけることで得られる．温度一定で状態 $A(T_A, P_A, V_A)$ から状態 $B(T_B, P_B, V_B)$ まで変化したときの仕事は，この式を体積 V_A から状態 V_B まで積分して得られるが，$T_A = T_B = T$ と温度一定であること（温度が定数 T であること）と理想気体の状態方程式（$PV = nRT$）を用いると以下のようになる．

$$\begin{aligned}(\Delta W)_T &= -\int_{V_A}^{V_B} P dV = -\int_{V_A}^{V_B} \frac{nRT}{V} dV = -nRT\int_{V_A}^{V_B} \frac{dV}{V} \\ &= -nRT \ln \frac{V_B}{V_A}\end{aligned} \tag{4.28}$$

熱は $(\Delta W)_T$ にマイナス符号をつけたものと等しくなるから

$$(\Delta Q)_T = nRT \ln \frac{V_B}{V_A} \tag{4.29}$$

である．

4.6 状態量としての内部エネルギー

温度，圧力，体積，モル数などは，1.4.2 項で述べたとおり"状態量"と呼ばれる特殊な量であり，そのうちのいくつかを決めればその物質の状態を一つに定めることができる．物質の内部エネルギーも状態量の一つとして用いることができる．そのことを熱と仕事を用いて示してみよう．

話を簡単にするため，1 モルの理想気体を用いる．理想気体を状態 A から温

度一定で体積を膨張させて状態 B に変化させ，つづいて圧力一定で圧縮して状態 C にし，最終的に体積一定で温度を変えて元の状態 A に戻すことを考えよう．理想気体の状態方程式を表す曲面上では**図 4.9** のような道筋を通ることになる．この道筋をとるサイクルを**マイヤーサイクル**と呼ぶ．

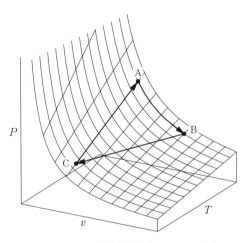

図 4.9 理想気体の状態方程式とマイヤーサイクル

このように，いくつかの状態の変化を経由して最終的に元の状態に戻るような変化を，1.6 節で述べたとおりサイクルと呼ぶ．それぞれの過程における熱と仕事の変化はこれまでの式を用いれば求めることができ，またサイクルを 1 周したときの熱 ΔQ_{cycle} や仕事 ΔW_{cycle} はそれらの和で求められる．

$$\Delta Q_{cycle} = \Delta Q_{AB} + \Delta Q_{BC} + \Delta Q_{CA}$$
$$= RT_A \ln \frac{V_B}{V_A} + C_P(T_C - T_B) + C_V(T_A - T_C) \tag{4.30}$$

$$\Delta W_{cycle} = \Delta W_{AB} + \Delta W_{BC} + \Delta W_{CA}$$
$$= -RT_A \ln \frac{V_B}{V_A} - P_B(V_C - V_B) + 0 \tag{4.31}$$

これらの式からわかるように，ΔQ_{cycle}，ΔW_{cycle} の両者は共に自然対数の項があるため，状態方程式などの理想気体の状態量の間の関係式を駆使したとしてもその式単独ではゼロにすることはできない．一方，サイクルを 1 周したとき

の理想気体の内部エネルギーの変化量 ΔU_{cycle} は，ΔQ_{cycle} と ΔW_{cycle} の和で表されるが，それを整理すると以下のようになる．

$$\Delta U_{cycle} = \Delta Q_{cycle} + \Delta W_{cycle}$$
$$= C_P(T_C - T_B) + C_V(T_C - T_A) - P_B(V_C - V_B) \quad (4.32)$$

温度一定の条件 $T_A = T_B$ と圧力一定の条件 $P_B = P_C$ を用いると

$$\Delta U_{cycle} = (C_P - C_V)(T_C - T_B) - (P_C V_C - P_B V_B) \quad (4.33)$$

さらに理想気体の状態方程式 $PV = RT$ を用いて

$$\Delta U_{cycle} = (C_P - C_V - R)(T_C - T_B) \quad (4.34)$$

ここでマイヤーの関係 ($C_P - C_V = R$) を考えると

$$\Delta U_{cycle} = 0 \quad (4.35)$$

となる．状態 A から変化させて最終的にまた状態 A に戻ったとき，内部エネルギーの変化量はゼロとなる．すなわち，**内部エネルギーは物質の状態が決まると一つに定まる量であり，状態量の一つである．**

このような内部エネルギーの性質は，理想気体にかぎらず一般的な物質についても成立する．仮に内部エネルギーが状態量ではないとしよう．適当な物質の一つの状態をはじめの状態とし，いくつかの状態の変化を経て最終的に元の状態に戻るようなサイクルを考える．内部エネルギーが状態量でなければサイクルを回る前後で内部エネルギーに差が生じ，その分が物質の中にエネルギーとして蓄えられたり，逆に外界に取り残されたりする．すなわち，適当な方向にサイクルを回すたびにエネルギーを取り出すことができ，結果として無限にエネルギーを生み出すことが可能となる．このような機構を永久機関（第一種永久機関）というが，そのようなものは自然界の大原則であるエネルギー保存の法則から外れており，決して存在しない．すなわち，内部エルギーは状態量でなくてはならないのである．

4.7 平衡状態と状態量

熱力学では，考える対象となる物質の状況を表すことのできる物理量を状態

量と呼ぶ．例えば，アルミニウムの塊を使用してある実験をする場合を考えよう．実験条件による結果のばらつきを最小限にするためには，実験に使用する試薬や環境などの条件をできるだけそろえておいたほうがよい．その際によく使用されるのは，物質の量（重さ，モル数），体積，温度，圧力などである．例えば，「室温（25℃）1気圧の条件下でアルミニウム10 gと塩酸を反応させ…」といった使い方をしてきたはずである．ところで，これらの量は本当に対象となっている実験試料（アルミニウム）の状況を表しているのだろうか．

例えば温度について考えてみよう．アルミニウムの温度はアルミニウムの表面に温度計を接触させて測定するが，これはアルミニウムの塊の表面の大気にごく近いところの温度を近似的に測定しているにすぎず，塊の内部の温度については本当にはわからないはずである．内部の温度を測定するためにアルミニウムの塊に穴を開けて中心に近い箇所の温度を測定したとしても，確かに穴の奥底ではあるが，穴の内側のごく表面に近い箇所の温度というだけで，本質的にはなにも変わっていない．つまりわれわれが測定できるのは物質のそのものの温度ではなく，それを取り囲んでいる外界の温度だけである．それにもかかわらず，われわれはこれをアルミニウムの内部の温度として実験をしているわけである．これが許されるのは，十分長い時間アルミニウムが室内に放置され，室温と同じ温度になっているということが暗黙の前提となっている．当たり前のことかもしれないが，これは熱力学にとってはきわめて本質的なことである．

熱力学第ゼロ法則のところでも述べたが，温度の異なる物質を接触させて長時間おくと両者の温度は等しくなる．同様に，大気中にアルミニウムの塊を置いて（大気とアルミニウムの塊を接触させて）長時間おくと，大気とアルミニウムの表面の温度は等しくなる．表面近くのアルミニウムの内部は，表面のアルミニウムと接触しているため，さらに長時間おくと表面の温度と等しくなる．同様にして温度の等しい部分がアルミニウムの内部に広がっていき，最終的にはアルミニウムは内部のどこの場所であっても同じ温度の値を示すはずである．このような状況を熱力学では**平衡状態**または単に**状態**と呼ぶ．またこの

ような特殊な状況に限って，アルミニウムの塊全体についての温度を外界の室温と等しいとすることができる。このときの温度は，アルミニウムの"状態"を示すことのできる量であることから，**状態量**と呼ばれる。

温度と同様にして圧力についても，大気圧中にアルミニウムを十分長時間放置し，外界の圧力とアルミニウム内部の圧力が等しくなり平衡状態になったとみなして，アルミニウムの圧力を状態量として決めている。なお，考える対象が固体の場合には，内部の歪(ひず)みや残留応力のために内部の場所によって圧力が変化してしまうことがある。それについては，本書の範囲を超えるので，固体の弾性論が解説されている書籍[29]を参考にしてほしい。体積については，外界と考える対象の空間的な境界が体積を決めている。すなわち，われわれが知りうるのは外界から見ることのできる物質の表面のみであり，その内部については知ることができない。以上のことをまとめると，われわれは圧力や温度などの物質の特性を表す量を直接的に知ることはできず，外界に関するそれらの量のみを知ることができる。外界の量を物質の状態量として用いる根拠として，平衡状態であることが必要になる。

熱力学で物質とエネルギーの関係を調べるとき，この平衡状態を維持したまま圧力や温度などの状態量を変化させるような過程を考えることがある。このような変化の過程を**準静的な変化**と呼んでいる。具体的には，ほんのわずかだけ状態量を変化させ，そのあと非常に長時間放置して平衡状態をつくり，またほんの少しだけ変化させるといったきわめてゆっくりとした変化を考えている。

4.8　Δ と δ と d

ここで，変化量を表す記号である Δ, δ, d について改めて整理しておこう。本書では，明らかに異なる二つの状態間における量の差のときに "Δ" を使用する。例えば，状態 A の温度よりも状態 B の温度が 100 K 高いようなとき，A と B の温度差を $\Delta T = T_B - T_A$ で表す。一方，状態は（検知できるほど）変

化しないがある量を微小に変化させるときに"δ"を使用する。例えば，比熱の大きな系に対して微小な熱を与えたとき，温度はほとんど変化しないが熱としてはδQの変化が生じている。考える量が状態量であるとき，状態量の微小な変化を表す特別な記号として"d"を使用する。状態量の場合，その関数としての特徴から全微分をつくることができるため，例えば，内部エネルギーUの微小変化であるdUは，そのまま全微分の記号として使用することができる。

章 末 問 題

(4.1) ある純金属の小片の比熱を，室温から1 200℃の温度範囲でできるだけ正確に測定したい。その測定に使用する装置を考案しなさい。

(4.2) ある純金属の小片の比熱を，室温から絶対零度にできるだけ近い低温まで測定したい。その測定に使用する装置を考案しなさい。

(4.2) P-V-T空間において，理想気体の状態方程式を表す曲面の立体模型をつくり，マイヤーサイクルの経路をその曲面上に示しなさい。

(4.3) これまでにさまざまなところで発表されている第一種永久機関の一つを例に挙げ，それが熱力学第一法則にどのように反しているか説明しなさい。

(4.4) オリジナルの第一種永久機関を考案しなさい。

5 エントロピーと熱力学第二法則

　エントロピーは"乱雑さ"や"増大の法則"などのキーワードとともにその名前が広く認知されているが，それが具体的になにを意味するかについてはあまり知られていない。熱力学においてエントロピーは熱の変化量をそのときの温度で割った量であり，エントロピーが状態量の一つであることを熱力学として導き出すには，高校の物理で少しだけふれられたカルノーサイクルが重要な役割を担う。断熱変化における P と V の関係（ポアソンの関係）もここで導出される。熱力学第二法則（エントロピー増大の法則）は自然界の変化の方向を決める非常に重要な法則であるが，そこで示されるのはごく当たり前の現象をエントロピーという量を使って説明しているだけであり，そこに"乱雑さ"という概念は出てこない。しかしながら，このエントロピーの増大こそが物質の熱力学の根底にあり，すべての現象を支配している。

5.1　理想気体の断熱可逆変化

　熱の出入りを遮断した上で状態を変化させることを**断熱変化**と呼ぶ。まず n モルの理想気体に対して準静的に断熱変化をさせたときの状態量の変化を調べよう。断熱変化であるから $\delta Q = 0$ とおくことができ，また単原子理想気体の内部エネルギーの変化量は，比熱と温度変化を用いて $dU = nC_V dT$ と書くことができるから[†]，内部エネルギーに関する熱と仕事の式において以下の関係式が成り立つ。

[†] 4章の議論を基に導出してみよう。この式は断熱膨張や断熱圧縮など，体積が変化する場合でも成立する。ただし，この式が成り立つのは理想気体のときだけである。

5.1 理想気体の断熱可逆変化

$$dU = \delta Q + \delta W$$

$$nC_V dT = -PdV \tag{5.1}$$

さらに理想気体の状態方程式（$PV = nRT$）を代入して整理すると以下のようになる。

$$\frac{nC_V}{T}dT = -\frac{nR}{V}dV \tag{5.2}$$

上式のように一つの項の中に T や V などの一つの変数しかないような形に整理できたとき，**変数分離**できたという。ここで状態 A(T_A, P_A, V_A) から状態 B(T_B, P_B, V_B) まで準静的に断熱変化をさせたとする。断熱変化の間は上式が成り立つので，状態 A から状態 B までについて両辺を積分しても等式は成立する。すなわち

$$\int_{T_A}^{T_B} \frac{nC_V}{T}dT = -\int_{V_A}^{V_B} \frac{nR}{V}dV \tag{5.3}$$

である。気体定数 R および理想気体の比熱 C_V は定数なので積分の前に出すことができ，積分を計算すると以下のようになる。

$$nC_V \ln\frac{T_B}{T_A} = -nR\ln\frac{V_B}{V_A} \tag{5.4}$$

ここで，両辺を nC_V で割って，さらに理想気体のマイヤーの関係（$C_P = C_V + R$）を用いると

$$\ln\frac{T_B}{T_A} = -\frac{R}{C_V}\ln\frac{V_B}{V_A} = \frac{C_V - C_P}{C_V}\ln\frac{V_B}{V_A}$$

$$= (1-\gamma)\ln\frac{V_B}{V_A} = \ln\left(\frac{V_B}{V_A}\right)^{1-\gamma} \tag{5.5}$$

となる。ここで $C_P/C_V \equiv \gamma$ としたが，これは**比熱比**と呼ばれている。等号が成り立つので両辺の ln を外すことができて

$$\frac{T_B}{T_A} = \left(\frac{V_B}{V_A}\right)^{1-\gamma} \tag{5.6}$$

またこれを整理すると

$$T_B V_B^{\gamma-1} = T_A V_A^{\gamma-1} \tag{5.7}$$

となるが，これは断熱変化における任意の温度と体積について成り立つので，

定数 C_1 に対して

$$TV^{\gamma-1} = C_1 \tag{5.8}$$

である。また理想気体の状態方程式（$T/V = P/nR$）を代入すると

$$PV^\gamma = \frac{C_1}{nR} = C_2 \tag{5.9}$$

となる（ただし，n は一定であるとした）。これらの式は，**ポアソンの式**と呼ばれ，準静的に断熱変化するときの体積，温度，圧力の間に成立する関係式である。断熱変化は，理想気体の状態方程式を表す曲面上では**図 5.1** のようになる。

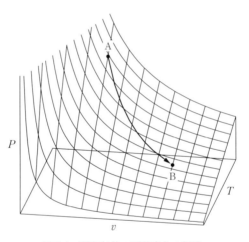

図 5.1 理想気体の断熱変化の経路

このポアソンの関係を用いて，1 モルの理想気体の準静的な断熱変化における内部エネルギーと仕事を求めてみよう。状態 A から 状態 B まで断熱膨張させたときの内部エネルギーの微小な変化量は，断熱過程が $\delta Q = 0$ であることに注意すると

$$dU = \delta W = -pdV \tag{5.10}$$

である。

状態 A から状態 B までの仕事 ΔW の計算については，$\delta W = -PdV$ を V_A から V_B まで積分すると得られるが，ここでは先ほどのポアソンの式を利用する

と、$P_A V_A^\gamma$ は定数となるので積分の前に出すことができる。その結果積分の中が V だけの関数となるため

$$\Delta W = -\int_{V_A}^{V_B} P dV = -\int_{V_A}^{V_B} PV^\gamma V^{-\gamma} dV = -P_A V_A^\gamma \int_{V_A}^{V_B} V^{-\gamma} dV$$

$$= -P_A V_A^\gamma \left[\frac{1}{-\gamma + 1} V^{-\gamma+1} \right]_{V_A}^{V_B} = -\frac{P_A V_A^\gamma}{1-\gamma}(V_B^{1-\gamma} - V_A^{1-\gamma})$$

となる。さらに、$P_A V_A^\gamma = P_B V_B^\gamma$ を用いると

$$= -\frac{1}{1-\gamma}(P_A V_A^\gamma V_B^{1-\gamma} - P_A V_A) = -\frac{1}{1-\gamma}(P_B V_B - P_A V_A) \tag{5.11}$$

となる。理想気体の状態方程式($PV = nRT$)を用いて書き直すと

$$= -\frac{nR}{1-\gamma}(T_B - T_A) \tag{5.12}$$

となり、さらにマイヤーの関係($C_P - C_V = R$)と比熱比の定義($\gamma = C_P/C_V$)を代入して整理すると

$$= -\frac{n(C_P - C_V)}{1 - C_P/C_V}(T_B - T_A) = \frac{nC_V(C_V - C_P)}{C_V - C_P}(T_B - T_A)$$

$$= nC_V(T_B - T_A) \tag{5.13}$$

一方、理想気体の内部エネルギーの微小変化は $dU = nC_V dT$ である。状態 A から状態 B まで変化するときの内部エネルギーの変化量 ΔU は

$$\Delta U = \int_{T_A}^{T_B} nC_V dT = nC_V(T_B - T_A) \tag{5.14}$$

であるから、$\Delta U = \Delta W$ が成立していることがわかる。

5.2 理想気体のカルノーサイクル

理想気体の**カルノーサイクル**は、ピストンとシリンダーでつくられた空間に閉じ込めた理想気体に対して、準静的な等温変化と断熱変化を組み合わせた以下のようなサイクルである。高温の熱源の温度を T_H、低温の熱源の温度を T_L として

Ⅰ：状態 A(T_H, V_A, P_A) から状態 B(T_H, V_B, P_B) まで準静的に等温膨張

Ⅱ：状態 B から状態 C(T_L, V_C, P_C) まで準静的に断熱膨張

Ⅲ：状態 C から状態 D(T_L, V_D, P_D) まで準静的に等温圧縮

Ⅳ：状態 D から状態 A まで準静的に断熱圧縮

と表される．理想気体の状態方程式を表す曲面上では**図 5.2** のような経路をたどる．

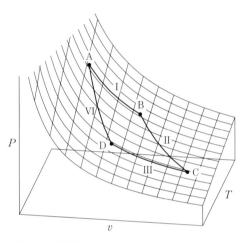

図 5.2 理想気体のカルノーサイクル（P-v-T）

Ⅰから Ⅳ までのそれぞれの過程における理想気体の熱，仕事，内部エネルギーの変化量は，以下のようになる．

・熱

$$\Delta Q_\text{I} = nRT_H \ln \frac{V_B}{V_A}, \qquad \Delta Q_\text{II} = 0,$$

$$\Delta Q_\text{III} = nRT_L \ln \frac{V_D}{V_C}, \qquad \Delta Q_\text{IV} = 0$$

・仕　　事

$$\Delta W_\text{I} = -nRT_H \ln \frac{V_B}{V_A}, \qquad \Delta W_\text{II} = nC_V(T_L - T_H),$$

$$\Delta W_\text{III} = -nRT_L \ln \frac{V_D}{V_C}, \qquad \Delta W_\text{IV} = nC_V(T_H - T_L)$$

・内部エネルギー

$\Delta U_\mathrm{I} = 0, \qquad \Delta U_\mathrm{II} = nC_V(T_L - T_H),$

$\Delta U_\mathrm{III} = 0, \qquad \Delta U_\mathrm{IV} = nC_V(T_H - T_L)$

これらから，サイクルを1周したときの熱，仕事，内部エネルギーの変化を求めると

$$\Delta Q_{cycle} = nRT_H \ln \frac{V_B}{V_A} + nRT_L \ln \frac{V_D}{V_C} \tag{5.15}$$

$$\Delta W_{cycle} = -nRT_H \ln \frac{V_B}{V_A} - nRT_L \ln \frac{V_D}{V_C} \tag{5.16}$$

$$\Delta U_{cycle} = 0 \tag{5.17}$$

となる。u-T-v の3次元空間で1モルの理想気体のカルノーサイクルの経路を表すと**図 5.3** のようになるが[†]，状態 A の温度 T_H と体積 V_A からスタートして元の状態 A の体積と温度に戻ったとき，内部エネルギーの値も元の値に戻ることがわかる。一方，熱と仕事については**図 5.4**（a），（b）に示すように，サイクルを1周して状態 A に戻ってきたときに差が生じている。この1周したときの熱の差と仕事の差は，大きさが同じでかつ符号が逆であり，カルノー

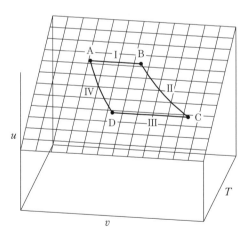

図 5.3 理想気体のカルノーサイクル（u-v-T）

[†] 1モルの内部エネルギーを $u = U/n$ で表す。

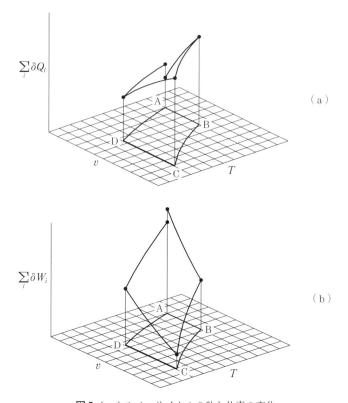

図 5.4 カルノーサイクルの熱と仕事の変化

サイクルによって理想気体を出入りしたエネルギーが熱から仕事に変換されたことを示している。

5.3 エントロピー

前章では理想気体を中心としたエネルギーの出入りを考えたが，熱機関そのものを考えるときは外界と熱機関のエネルギーのやり取りを中心に考え，**図 5.5** に示すように，高温の熱源から受け取る熱を ΔQ_{IN}，低温の熱源に放出する熱を ΔQ_{OUT}，熱機関から外部に取り出した仕事の総量を ΔW_{OUT} と定義するのが一般的である。これらの量を用いて，熱機関の**効率** η を定義することが

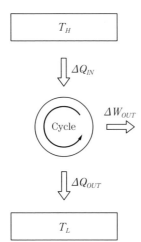

図 5.5 カルノーサイクルの熱とエネルギー

できる。

$$\eta = \frac{\Delta W_{OUT}}{\Delta Q_{IN}} \tag{5.18}$$

これらの量と先ほどの I から IV の過程の熱や仕事は以下のように対応する。

$$\Delta Q_{IN} = \Delta Q_{\mathrm{I}}, \qquad \Delta Q_{OUT} = -\Delta Q_{\mathrm{III}},$$

$$\Delta W_{OUT} = -\Delta W_{cycle} = \Delta Q_{cycle} = \Delta Q_{\mathrm{I}} + \Delta Q_{\mathrm{III}} = \Delta Q_{IN} - \Delta Q_{OUT}$$

これらを用いると効率 η は以下のように書き直すことができる。

$$\eta = \frac{\Delta Q_{IN} - \Delta Q_{OUT}}{\Delta Q_{IN}} = \frac{\Delta Q_{\mathrm{I}} + \Delta Q_{\mathrm{III}}}{\Delta Q_{\mathrm{I}}} = 1 + \frac{\Delta Q_{\mathrm{III}}}{\Delta Q_{\mathrm{I}}} \tag{5.19}$$

ところで，II の過程（状態 B から状態 C）と IV の過程（状態 D から状態 A）は，準静的な断熱過程であるからポアソンの式が成り立つ。すなわち

$$T_H V_B^{\gamma-1} = T_L V_C^{\gamma-1} \tag{5.20}$$

$$T_H V_A^{\gamma-1} = T_L V_D^{\gamma-1} \tag{5.21}$$

である。式 (5.20) ÷ 式 (5.21) を計算すると，温度が消えて以下の体積だけの関係が得られる。

$$\frac{V_B}{V_A} = \frac{V_C}{V_D} \tag{5.22}$$

この関係を用いて効率 η の式をさらに変形させると

$$\eta = 1 + \frac{RT_L \ln(V_D/V_C)}{RT_H \ln(V_B/V_A)} = 1 - \frac{T_L}{T_H} \tag{5.23}$$

が得られる．熱機関の効率である η を仲立ちとして，以下に示すようなカルノーサイクルの熱と温度の関係が得られたことになる．

$$1 + \frac{\Delta Q_{\mathrm{III}}}{\Delta Q_{\mathrm{I}}} = 1 - \frac{T_L}{T_H} \tag{5.24}$$

これを変形すると

$$\frac{\Delta Q_{\mathrm{I}}}{T_H} + \frac{\Delta Q_{\mathrm{III}}}{T_L} = 0 \tag{5.25}$$

また，$\Delta Q_{\mathrm{II}} = \Delta Q_{\mathrm{IV}} = 0$ であることを考慮すると，理想気体がカルノーサイクルを1周して元の状態に戻る際に，図 5.6 に示すように

$$\sum_{cycle} \frac{\Delta Q_i}{T_i} = 0 \tag{5.26}$$

が成り立つことを示すことができる．熱を温度で割ったこの量は，サイクルを1周して元の状態に戻ったときに変化量の総和がゼロとなる性質をもっており，内部エネルギーのような状態量の一つとして扱える．

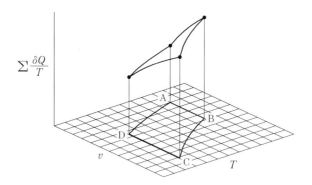

図 5.6　カルノーサイクルにおける $\sum (\delta Q/T)$

あらゆる物質の任意のサイクルに対して，それを1周して元の状態に戻ったときにこの熱を温度で割った量は同様の性質を示すことがわかっており，これを状態量の一つとして**エントロピー** S を用いて表す．準静的な変化に対してエントロピーの変化量 ΔS は以下のように定義される．

$$\Delta S = \frac{\Delta Q}{T} \tag{5.27}$$

また，エントロピーの微小な変化量 dS は

$$dS = \frac{\delta Q}{T} \tag{5.28}$$

となる。

カルノーサイクルと異なるサイクルについて，エントロピーの変化量を計算してみよう。計算を簡単にするために理想気体を用い，マイヤーの関係を調べたときに用いたサイクル（マイヤーサイクル）を例に挙げる。等温変化（状態 A から状態 B），定圧変化（状態 B から状態 C），定積変化（状態 C から状態 A）の順で元の状態に戻るときのエントロピーの変化は，それぞれ

$$\Delta S_{BA} = \frac{nRT_A \ln(V_B/V_A)}{T_A} = nR \ln \frac{V_B}{V_A} \tag{5.29}$$

$$\Delta S_{CB} = nC_p \int_{T_B}^{T_C} \frac{dT}{T} = nC_P \ln \frac{T_C}{T_B} \tag{5.30}$$

$$\Delta S_{AC} = nC_V \int_{T_C}^{T_A} \frac{dT}{T} = nC_V \ln \frac{T_A}{T_C} \tag{5.31}$$

$T_A = T_B$, $P_B = P_C$, $V_C = V_A$ とマイヤーの関係を考えてこのサイクルの 1 周分のエントロピー変化を求めると，以下のようにゼロとなる[†]。

$$\begin{aligned}\Delta S_{cycle} &= \Delta S_{BA} + \Delta S_{CB} + \Delta S_{AC} = nR \ln \frac{V_B}{V_C} + n(C_p - C_V) \ln \frac{T_C}{T_B} \\ &= nR \ln \frac{V_B T_C}{V_C T_B} = nR \ln \frac{P_B}{P_C} \\ &= 0 \end{aligned} \tag{5.32}$$

理想気体についてエントロピーの具体的な関数の形を求めてみよう。内部エネルギーの微小変化の式（$dU = \delta Q - PdV$）を変形して

$$\delta Q = dU + PdV \tag{5.33}$$

両辺を温度 T で割って，$dS = \delta Q/T$，$dU = nC_V dT$，$P/T = nR/V$ であるから上式は

[†] $\ln 1 = 0$ である。

5. エントロピーと熱力学第二法則

$$dS = \frac{nC_V}{T}dT + \frac{nR}{V}dV \tag{5.34}$$

と書き直すことができる。変数分離ができているので，両辺を状態 A から状態 B まで積分すると以下のようになる。

$$\int_A^B dS = nC_V \int_{T_A}^{T_B} \frac{dT}{T} + nR \int_{V_A}^{V_B} \frac{dV}{V} \tag{5.35}$$

この積分を計算すると

$$S_B - S_A = nC_V \ln \frac{T_B}{T_A} + nR \ln \frac{V_B}{V_A} \tag{5.36}$$

となる。ここで，状態 A を基準の状態としてその状態量を S_0, T_0, V_0 で表し，状態 B を任意の状態としてその状態量を S, T, B で表すと

$$S = nC_V \ln T + nR \ln V + \alpha_0 \quad (\alpha_0 \equiv S_0 - nC_V \ln T_0 - nR \ln V_0) \tag{5.37}$$

となる。このエントロピーはモル数 n に比例することから，示量性の状態量であることが示されている。1 モルの理想気体のエントロピー s を T と v を変数としてグラフに表すと**図 5.7** のようになる。

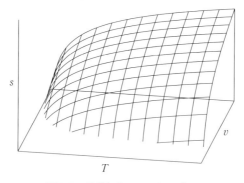

図 5.7　理想気体のエントロピー

5.4 熱力学第二法則

われわれの常識として，自然界には自発的に起こりうる変化と起こり得ない変化があることを知っている。例えば，室温に置いた氷は自然と溶けて水になるが，その逆は起こり得ない。このような自然界の変化の方向を決める法則として**熱力学第二法則**がある。熱力学第二法則の表し方にはいろいろあるが，代表的なものの一つとして以下に示すクラウジウスの原理がある。

〈クラウジウスの原理〉

「他になんの変化も残さずに熱を低温の物体から高温の物体に移すことはできない。」

このクラウジウスの原理の「他になんの変化も残さない」ということを実現するために，**図5.8**に示すように，あらかじめ考える対象全体（この場合は高温の物体と低温の物体）を大きな孤立系の中に入れてしまおう。さらに高温の物体と低温の物体を断熱の隔壁で分けておき，それぞれを小さな孤立系に閉じ込めたとする。このように全体の系の中につくった小さな系を**部分系**と呼ぶ。

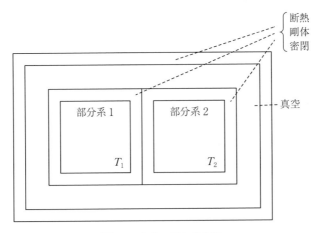

図5.8　全体の系と部分系

この高温の物体が入れられた部分系1と低温の物体が入れられた部分系2は，なにもしなければそれぞれが平衡状態にあり，さらにそれらの部分系が入れられている大きな孤立系も平衡状態にある。

ここで，**図5.9**のように断熱隔壁の一部をごく薄くして熱だけが通り抜けるようにすると，自然に起こる変化として高温の部分系1（温度 T_1）から低温の部分系2（温度 T_2）へ熱 δQ が移動する。そのときの部分系1のエントロピーの微小変化 dS_1，および部分系2のエントロピーの微小変化 dS_2 は以下の式で表される。

$$dS_1 = \frac{-\delta Q}{T_1} \tag{5.38}$$

$$dS_2 = \frac{\delta Q}{T_2} \tag{5.39}$$

なお，熱の移動量 δQ は非常に小さく，それぞれの部分系の温度は変化しないとした。

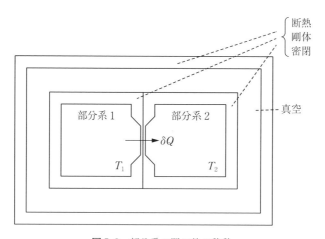

図5.9 部分系の間の熱の移動

エントロピーは示量性の状態量であり，大きな孤立系全体のエントロピーの変化 dS はそれぞれの部分系のエントロピー変化の和で描かれるので

$$dS = \frac{\delta Q}{T_2} - \frac{\delta Q}{T_1} = \delta Q \left(\frac{T_1 - T_2}{T_1 T_2} \right) > 0 \tag{5.40}$$

となり，エントロピーの微小な変化量は正の値になるためエントロピーの値は増加する。逆に，自然には起こり得ない変化である低温の部分系2から高温の部分系1への熱の移動が起こると，エントロピーの変化量は負の値になりエントロピーは減少する。すなわち，ある系の変化が自然に起こるかどうかは，その系を孤立系において変化させ，そのときの系全体のエントロピーが増加するかどうかを調べればよく，エントロピーが増加する変化であれば自発的な変化をすることがわかる。このように，エントロピーの変化を指標として自然界の変化の方向が判断できることを**エントロピー増大の法則**と呼ぶ。エントロピー増大の法則は熱力学第二法則（クラウジウスの原理）の別の表し方である。

上記の系において熱の移動量 δQ はきわめて小さく，それぞれの部分系における状態の変化は準静的な変化であるとみなせるとする。それであってもきわめて長い時間が経過すると二つの部分系の温度は徐々に近づき，最終的には二つの部分系の温度は等しくなって，それ以上変化しない平衡状態に到達する。両者の温度が等しくなれば熱の移動は起こらなくなり，$\delta Q = 0$ すなわち $dS = 0$ となる。孤立系の自発的な変化に対して両者の式をまとめて以下のように表す。

$$dS \geq 0 \tag{5.41}$$

これは**クラウジウスの不等式**と呼ばれている。

このような状況を長時間放置すると，温度の異なる二つの部分系からなる初期の平衡状態から，系全体の温度が等しくなった最終的な平衡状態へと変化する。そのときの系全体のエントロピーの変化量を計算してみよう。話を簡単にするために，部分系の物質の比熱は等しく，温度の変化に対して一定であると仮定する。そのとき，最終的には到達する系全体の温度は T_1 と T_2 の平均の値 T_M になる。それぞれの部分系は孤立系であるから，体積変化 dV はゼロである。各部分系の熱の変化量は定積比熱 C_V を初期状態の温度（T_1 および T_2）から変化の途中の温度（T_1' および T_2'）まで積分すれば求められるから，エントロピーの変化量は

$$\Delta S_1 = \int_{T_1}^{T_1'} \frac{nC_V}{T} dT = nC_V \ln \frac{T_1'}{T_1} \tag{5.42}$$

$$\Delta S_2 = \int_{T_2}^{T_2'} \frac{nC_V}{T} dT = nC_V \ln \frac{T_2'}{T_2} \tag{5.43}$$

$$\Delta S = \Delta S_1 + \Delta S_2 = nC_V \ln \frac{T_1' T_2'}{T_1 T_2} \tag{5.44}$$

ここで，最終的な到達温度は $T_M = (T_1 + T_2)/2 = (T_1' + T_2')/2$ である．熱の移動が進行している途中における各部分系の温度（T_1' および T_2'）と T_M との差を $\tau = T_1' - T_M = T_M - T_2'$ とおくと ΔS は τ（タウ）の関数として以下のように表される．

$$\Delta S = nC_V \ln \frac{T_M^2 - \tau^2}{T_1 T_2} \tag{5.45}$$

ここで τ は熱の移動の進行を表す変数であり，初期状態では $\tau = T_1 - T_M$ となりそれを上式に代入すると $\Delta S = 0$ である．また，最終的な平衡状態で $\tau = 0$ であり，温度が正の値であること，および $y = \ln x$ のグラフの形が上に凸の単調増加であることを考えると，そのとき $\Delta S > 0$ である．例として，$T_1 = 200\,\text{K}$, $T_2 = 100\,\text{K}$ の場合について ΔS と τ の関係をグラフにすると**図5.10**のように

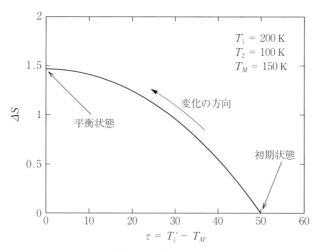

図5.10 熱平衡に至る過程のエントロピー変化

なり，熱の移動が進行するとともに系全体のエントロピーは増加していき，最終的な平衡状態において最大値かつ極大値となる。すなわち，エントロピーは自然界の変化の方向性だけでなく，最終的に到達する平衡状態についても決めていることがわかる。

エントロピー増大の法則として，この平衡状態とエントロピーの関係を含めて以下のようにまとめておこう。

〈エントロピー増大の法則〉

「孤立系の自発的な変化に対してエントロピーはつねに増加し，エントロピー最大となる状態が平衡状態である。」

これは，物質に関わる熱力学を考える上で根幹となる法則の一つである。

5.5 外界との熱のやり取りとクラウジウスの不等式

先ほどのクラウジウスの不等式を導いたところでは孤立系を考えていたため，外界との間で熱のやり取りは起こらなかったが，現実の系では外部との熱のやり取りは必然的に生じている。そのような状況において，エントロピー増大の法則がどのように書かれるか考えてみよう。

先ほどの系の初期の平衡状態において，高温の部分系1に外部からδQの熱が可逆的（準静的）[†]に与えられたとする。そのときの部分系1のエントロピーの増加量dS_1^rは

$$dS_1^r = \frac{\delta Q}{T_1} \tag{5.46}$$

である。なお，dSの右肩のrは**可逆的**（reversible）であることを意味している。部分系2には熱が与えられていないので$dS_2 = 0$である。大きな系のエントロピーの微小変化dSは，それぞれの部分系のエントロピーの微小変化の和であり

[†] 準静的な変化は，同じ経路を逆にたどることで外界と系が元の状態に戻ることができるため，可逆的と言い換えることができる。

$$dS^r = dS_1 + dS_2 = dS_1^r \tag{5.47}$$

となる。なお，部分系1のエントロピーの変化が可逆的であるので，全体のエントロピーの変化も可逆的である。

つづいて，先ほどと同様に，部分系を隔てていた断熱壁の一部を薄くして微小な熱 δq を部分系1から部分系2に移動させる。そのときのエントロピーの変化 dS^{ir} は

$$dS^{ir} = \frac{\delta q(T_1 - T_2)}{T_1 T_2} \tag{5.48}$$

である。ここで dS の右肩の ir は，この熱の移動によるエントロピーの変化が自発的な変化であり，**不可逆**（irreversible）であることを意味している。外界からの可逆的な熱の移動と系の自発的な熱の移動の両者を考慮すると，系全体のエントロピーの変化は

$$dS = dS^r + dS^{ir} \tag{5.49}$$

である。$dS^r = \delta Q/T$, $dS^{ir} > 0$ であることを考えると

$$dS \geq \frac{\delta Q}{T} \tag{5.50}$$

と書くことができる。不等号は外界からの熱の移動に対して不可逆過程を伴うとき，すなわち，物質に温度のむらができるように熱が加えられたときに相当し，等号は不可逆過程のないとき，すなわち物質全体の温度が等しくなるように熱が加えられたときに相当する。この式もクラウジウスの不等式と呼ばれる。7章の自由エネルギーと系の自発的な変化の関係を考える上で重要な式である。

5.6 熱力学第二法則と平衡条件

上記の式を用いると，可逆的な変化に対して内部エネルギーを以下のように書くことができる。

$$dU = \delta Q + \delta W = TdS - PdV \tag{5.51}$$

これを以下のように変形しよう。

$$dS = \frac{1}{T}dU + \frac{P}{T}dV \tag{5.52}$$

ここで，以下のような実験装置を考えよう．断熱，剛体，密閉の壁でできた筒状の容器の中を隔壁で区切り，できた二つの空間を気体で満たしたとする．隔壁で隔てられた空間は大きな孤立系の中の部分系であり，それらに部分系 α と部分系 β と名前をつける．なお，隔壁が断熱かつ不動であればそれらの部分系も孤立系である．部分系 α の状態量を $P_\alpha, V_\alpha, T_\alpha, U_\alpha, S_\alpha$，部分系 β の状態量を $P_\beta, V_\beta, T_\beta, U_\beta, S_\beta$ とする．

まず，部分系 α と部分系 β が平衡状態であるとき，エネルギーの移動に対してどのような状態量が関係するかを考えてみよう．隔壁が不動であるとすれば，$dV = 0$ であり第1項のみを考えればよくなる．隔壁を通して部分系 α から部分系 β へ可逆的に微小なエネルギー dU が移動したとすると，系全体のエネルギーは一定であるから，部分系 α で減少したエネルギーと部分系 β で増加したエネルギーの大きさは等しくなる．そのとき部分系 α のエントロピー変化 dS_α と部分系 β のエントロピー変化 dS_β は，以下のように書くことができる．

$$dS_\alpha = \frac{1}{T_\alpha}(-dU) \tag{5.53}$$

$$dS_\beta = \frac{1}{T_\beta}dU \tag{5.54}$$

また，系全体のエントロピー変化 dS は，それぞれの部分系のエントロピー変化の和で書かれるから

$$dS = dS_\alpha + dS_\beta = \left(\frac{1}{T_\beta} - \frac{1}{T_\alpha}\right)dU \tag{5.55}$$

エントロピー増大の法則から平衡状態であれば $dS = 0$ であり，かつ問題の前提から $dU \neq 0$ であるから

$$T_\alpha = T_\beta \tag{5.56}$$

である．すなわち，部分系 α と β の温度が等しいことが平衡の条件であるこ

とがわかる。また、平衡でなければ $dS > 0$ であるから $T_\alpha > T_\beta$ であり、高温の部分系から低温の部分系へエネルギーが移動していることがわかる。

つづいて、隔壁がエネルギーを通すだけでなく、なめらかに動いて部分系の体積を変えることができる場合を考える。部分系 α から部分系 β へ dU のエネルギーが移動し、かつ隔壁が動いて部分系 α の体積が dV だけ増加したとする。系全体は孤立系であるから体積は一定であり、部分系 α で増加した体積は部分系 β で減少した体積と等しくなる。このときの各部分系のエントロピーの変化は

$$dS_\alpha = \frac{1}{T_\alpha}(-dU) + \frac{P_\alpha}{T_\alpha}dV \tag{5.57}$$

$$dS_\beta = \frac{1}{T_\beta}dU + \frac{P_\beta}{T_\beta}(-dV) \tag{5.58}$$

である。系全体のエントロピー変化は先ほどと同様に部分系のエントロピー変化の和で書けるので

$$dS = dS_\alpha + dS_\beta = \left(\frac{1}{T_\beta} - \frac{1}{T_\alpha}\right)dU - \left(\frac{P_\beta}{T_\beta} - \frac{P_\alpha}{T_\alpha}\right)dV \tag{5.59}$$

平衡状態では $dS = 0$ かつ $dU \neq 0$, $dV \neq 0$ であるから

$$T_\alpha = T_\beta \tag{5.60}$$
$$P_\alpha = P_\beta \tag{5.61}$$

である。すなわち、部分系の温度とおよび圧力が等しいことが平衡の条件であることがわかる。また、平衡でなければ、圧力の高い部分系の体積が増加する（膨張する）。温度に関する平衡を**熱平衡**、圧力に関する平衡を**力学平衡**と呼ぶ。

5.7 理想気体の断熱自由膨張

不可逆な状態の変化の際にエントロピーが増加する例として、理想気体の断熱自由膨張について考えよう。5.1節の断熱可逆変化では、系と外界を断熱壁で囲って熱の出入りを遮断し、その上で外界と系の圧力を等しくさせながら気体の体積を変化させた。それに対して、断熱自由膨張では、真空の空間に対し

5.7 理想気体の断熱自由膨張

て気体を膨張させる。

図 5.11 に示すように，孤立系を二つの部分孤立系 α と β に分け，部分系 α にだけ理想気体を充填して部分系 β は真空としたものを初期状態とする。この初期状態は，このままではこれ以上変化することがないため平衡状態である。そこで，α と β の二つの部分系の隔壁に小さな穴を開けると部分系 α から部分系 β へガスが噴き出し，最終的に α と β の圧力が等しくなったところでそれ以上変化しなくなる（最終的な平衡状態になる）。この結果，理想気体は真空に対して体積 V_α から体積 $V_\alpha + V_\beta$ に膨張したことになる。この逆向きの過程，すなわち全体に広がった気体が部分系 α に戻ることはあり得ないため，これは不可逆の変化でありエントロピーは増加しているはずである。しかしながら，系全体は断熱壁の内部にあるので熱の出入りはなく（$\Delta Q = 0$），これまでのような $\delta Q/T$ を積分するような方法ではエントロピーの変化を求めることはできない。

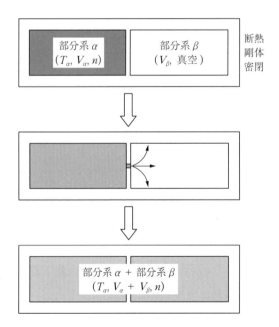

図 5.11　理想気体の断熱自由膨張

断熱自由膨張のエントロピー変化を求めるために少しだけ視点を変えよう。エントロピーは状態量の一つであり、その変化量は最初の状態と最後の状態が決まっていれば途中の変化の過程には無関係である。もし、断熱自由膨張を別の過程に置き換えることができれば、その過程のエントロピー変化を求めても同じことになる。図 5.11 にあるように、系全体は孤立系であり断熱・剛体・密閉の壁の中にあるため、外界に対して熱・仕事の形でエネルギーをやり取りすることはできない。すなわち断熱自由膨張に対して系のエネルギーの増減はない。理想気体の内部エネルギーは温度のみの関数であり、内部エネルギーが変化しなければ系の温度は変化せず一定である。すなわち、断熱自由膨張のエントロピー変化は初期状態と終状態を同じくする等温可逆膨張に置き換えて計算することが可能である。温度 T_α において等温可逆的に n モルの理想気体を体積 V_α から体積 $V_\alpha + V_\beta$ まで膨張させたときの熱の変化量 $(\varDelta Q)_T$ は

$$(\varDelta Q)_T = -(\varDelta W)_T = \int_{V_\alpha}^{V_\alpha + V_\beta} PdV = nRT_\alpha \ln \frac{V_\alpha + V_\beta}{V_\alpha} \tag{5.62}$$

であり、エントロピーの変化 $(\varDelta S)_T$ は

$$(\varDelta S)_T = \frac{(\varDelta Q)_T}{T_\alpha} = nR \ln \frac{V_\alpha + V_\beta}{V_\alpha} \tag{5.63}$$

である。断熱自由膨張のエントロピー変化もこれと同じ値であり

$$(\varDelta S)_{断熱自由膨張} = nR \ln \frac{V_\alpha + V_\beta}{V_\alpha} \tag{5.64}$$

となる。なお、$V_\alpha + V_\beta > V_\alpha$ であり、断熱自由膨張により系のエントロピーは増加する。

5.8 理想気体の混合のエントロピー

先ほどの断熱自由膨張では部分系 β は真空であったが、その部分系 β に別の種類の理想気体を入れると、2 種類の理想気体の混合のエントロピーを考えることができる。理想気体は分子の大きさや分子間力をゼロと仮定しており、気体分子間の衝突が起こらない。その結果として、部分系 β が別の種類の気

5.8 理想気体の混合のエントロピー

体で満たされていても，部分系 α の気体分子は真空中への断熱自由膨張のときとまったく同じように膨張する。部分系 β の気体分子にとっても同様であり，部分系 α の気体分子の有無にかかわらず，断熱自由膨張と同じように膨張する。すなわち理想気体の混合は，2 種類の理想気体の断熱自由膨張を重ね合わせたのと同じということができる。ここで，部分系 α に理想気体 A を n_A モル，部分系 β に理想気体 B を n_B モル充填した状態を初期状態とし，α と β の隔壁を取り除いて両者を混合したとする。なお，部分系 α と β の温度 T と圧力 P は等しくしておく。混合の前後で理想気体 A のエントロピーの変化 ΔS_A は，式 (5.64) から

$$\Delta S_A = n_A R \ln \frac{V_\alpha + V_\beta}{V_\alpha} \tag{5.65}$$

となる。同様に理想気体 B のエントロピーの変化 ΔS_B は

$$\Delta S_B = n_B R \ln \frac{V_\alpha + V_\beta}{V_\beta} \tag{5.66}$$

である。全体のエントロピーの変化 ΔS_{mix} は，ΔS_A と ΔS_B の和として表されるので

$$\Delta S_{mix} = n_A R \ln \frac{V_\alpha + V_\beta}{V_\alpha} + n_B R \ln \frac{V_\alpha + V_\beta}{V_\beta} \tag{5.67}$$

となる。ここで理想気体の状態方程式から

$$V_\alpha = \frac{n_A RT}{P} \tag{5.68}$$

$$V_\beta = \frac{n_B RT}{P} \tag{5.69}$$

が成り立つので，これらを式 (5.67) に代入すると，混合のエントロピー変化は A と B のモル数だけの関数として以下のように表される。

$$\Delta S_{mix} = R \left(n_A \ln \frac{n_A + n_B}{n_A} + n_B \ln \frac{n_A + n_B}{n_B} \right) \tag{5.70}$$

さらに，A と B の**モル分率**を以下のように定義すれば

$$x_A \equiv \frac{n_A}{n_A + n_B} \tag{5.71}$$

$$x_B \equiv \frac{n_B}{n_A + n_B} = 1 - x_A \tag{5.72}$$

式 (5.70) は

$$\Delta S_{mix} = - R(n_A \ln x_A + n_B \ln x_B) \tag{5.73}$$

となる。この理想気体の混合のエントロピー変化は，化学平衡や溶液の熱力学において非常に重要な役割を担う。

章 末 問 題

(5.1) 一般に高所に行くほど気温は低下する。この理由を断熱膨張と考え，100 m 高度が上がるごとに温度が何度変化するか推定しなさい。なお，空気の比熱などの必要な物性は，各自で文献などを調べること。

(5.2) 理想気体の状態方程式を表す立体模型を作成し，そこにカルノーサイクルの経路を示しなさい。また，T, P, V の各座標軸と平行な方向からその経路を眺めたとき，どのように見えるか記録しなさい。

(5.3) 図 5.4 の立体模型をつくり，カルノーサイクルの熱と仕事の関係を確かめなさい。

(5.4) 図 5.6 のカルノーサイクルのエントロピーを表す立体模型を作成し，先ほどの熱と仕事の模型と比較しなさい。

(5.5) 図 5.7 の立体模型をつくりなさい。

(5.6) 第二種永久機関の例を挙げ，それがどのように熱力学第二法則に反しているか説明しなさい。

(5.7) オリジナルの第二種永久機関を発案しなさい。

(5.8) 混合のエントロピーの計算において，部分系 α と部分系 β に同じ種類の気体を入れて隔壁に穴を開けたとき，系全体のエントロピーは増加するのかそれとも一定のままなのか（その理由も含めて）考えなさい。

6 化学ポテンシャル

これまでの議論では系の中の分子数は一定に保たれていたが，相変化や化学反応の熱力学を考える際には系の中の分子数を変えられたほうが都合がよい。この章では，化学ポテンシャルという新たな量を定義する。この化学ポテンシャルは，化学平衡や相変化など物質の熱力学に関わるすべての場面で重要な役割を担う。

6.1 開放系の内部エネルギーと化学ポテンシャル

これまでは，系と外界を完全に遮断するような孤立系や，系と外界とのエネルギーのやり取りのみを許す閉鎖系における熱力学の議論を進めてきた。これらの条件では系と外界の間で物質のやり取りが許されておらず，系の中の分子の数は不変である。この章では，これまでの議論を分子数が変化する場合にも対応できるように拡張しよう。分子数の変化まで許すような条件は，4.1 節で述べたとおり開放系と呼ばれている。

ある平衡状態にある系に外界から微量の物質が加えられた場合の内部エネルギーの変化を考えよう。ごく微小ではあるが，物質を構成する個々の分子・原子は運動エネルギーや位置エネルギーをもっている。したがって分子・原子の数が変化すると系の内部エネルギーも変化する。系にある物質が単位量（1 モル）加えられたときの内部エネルギーの変化量を μ とすると，内部エネルギーの変化量は熱の変化量（$\delta Q = TdS$）と仕事の変化量（$\delta W = -PdV$）と合わせて

$$dU = TdS - PdV + \mu dn \tag{6.1}$$

で与えられる。内部エネルギー U をエントロピー S, 体積 V, モル数 n を変数としたときの全微分の式

$$dU = \left(\frac{\partial U}{\partial S}\right)_{V,n} dS + \left(\frac{\partial U}{\partial V}\right)_{S,n} dV + \left(\frac{\partial U}{\partial n}\right)_{V,S} dn \tag{6.2}$$

と比較すると，開放系における温度 T, 圧力 P および今回導入した μ は以下の偏微分係数と等しいことがわかる。

$$T = \left(\frac{\partial U}{\partial S}\right)_{V,n} \tag{6.3}$$

$$-P = \left(\frac{\partial U}{\partial V}\right)_{S,n} \tag{6.4}$$

$$\mu = \left(\frac{\partial U}{\partial n}\right)_{S,V} \tag{6.5}$$

この μ は**化学ポテンシャル**と呼ばれる量である。SI 単位系では化学ポテンシャルの単位は〔J/mol〕である。

化学ポテンシャルは，後の章で出てくるように，化学反応や相変化において複数の成分が混在するような系に用いられる。例えば，以下のような化学反応を考える。

$$A + B \rightarrow C$$

反応容器に原料となる A と B を入れて反応を進めると，**図 6.1** のように A と B の分子は減少し，C の分子は増加することになる。この系の内部エネルギーは，その分子数の増減に伴って変化する。式 (6.2) の 1 成分系の内部エネルギーの変化量を多成分に拡張するには，最後の項を以下のように書き換えればよい。

$$dU = TdS - PdV + \sum_{i}^{c} \mu_i dn_i \tag{6.6}$$

ここで，μ_i は i 番目の成分の化学ポテンシャルであり，総和はすべての成分 ($i = 1 \sim c$) について行うものとしている。1 成分系のときと同様の議論から

$$T = \left(\frac{\partial U}{\partial S}\right)_{V,\{n_i\}} \tag{6.7}$$

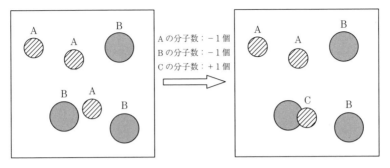

図 6.1 化学反応と分子数の変化

$$-P = \left(\frac{\partial U}{\partial V}\right)_{S, \{n_i\}} \tag{6.8}$$

$$\mu_i = \left(\frac{\partial U}{\partial n_i}\right)_{S, V, \{n_{j \neq i}\}} \tag{6.9}$$

と書くことができる。ここで，$\{n_i\}$ はすべての成分のモル数（$n_1, n_2, ..., n_c$）を表し，$\{n_{j \neq i}\}$ は i 番目の成分を除くすべての成分のモル数を表す。

6.2 開放系の平衡条件

開放系における平衡条件と化学ポテンシャルの関係を調べておこう。まず内部エネルギーの式を以下のように書き直しておく。

$$dS = \frac{1}{T}dU + \frac{P}{T}dV - \frac{\mu}{T}dn \tag{6.10}$$

図 5.8 と同様に大きな孤立系を隔壁で区切って二つの部分系をつくり，それぞれを平衡状態にしたとする。隔壁を通して部分系の間でエネルギー，体積変化および物質のやり取りができるものとする。いま，部分系 α から部分系 β に微小なエネルギー dU，微小な体積 dV および微小な物質量 dn が移動したとすると，それぞれの部分系のエントロピーの変化量は以下のようになる。

$$dS^\alpha = \frac{1}{T^\alpha}(-dU) + \frac{P^\alpha}{T^\alpha}(-dV) - \frac{\mu^\alpha}{T^\alpha}(-dn) \tag{6.11}$$

$$dS^\beta = \frac{1}{T^\beta}dU + \frac{P^\beta}{T^\beta}dV - \frac{\mu^\beta}{T^\beta}dn \tag{6.12}$$

系全体のエントロピーの変化量は部分系のエントロピーの変化量の和として書かれるので

$$dS = dS^\alpha + dS^\beta$$

$$= \left(\frac{1}{T^\beta} - \frac{1}{T^\alpha}\right)dU + \left(\frac{P^\beta}{T^\beta} - \frac{P^\alpha}{T^\alpha}\right)dV - \left(\frac{\mu^\beta}{T^\beta} - \frac{\mu^\alpha}{T^\alpha}\right)dn \tag{6.13}$$

である。平衡状態では $dS = 0$ であり,また $dU \neq 0$, $dV \neq 0$, $dn \neq 0$ であるから

$$T^\beta = T^\alpha \tag{6.14}$$

$$P^\beta = P^\alpha \tag{6.15}$$

$$\mu^\beta = \mu^\alpha \tag{6.16}$$

となる。すなわち,部分系の温度,圧力および化学ポテンシャルが等しいことが平衡の条件である。また部分系の温度と圧力が等しいとき,平衡から離れたところでは $dS > 0$ であるから,化学ポテンシャルの高い部分系 α から低い部分系 β へ物質が移動することになる。これは μ が化学ポテンシャルと呼ばれる理由の一つである。

多成分系の場合には,すべての部分系において各成分の化学ポテンシャルが等しくなるため

$$\mu_1^\alpha = \mu_1^\beta, \quad \mu_2^\alpha = \mu_2^\beta, \quad \ldots, \quad \mu_C^\alpha = \mu_C^\beta \tag{6.17}$$

となる。

6.3 示量性状態量と示強性状態量

物質の状態を一つに決めることができる物理量を状態量と呼ぶのは,すでに述べたとおりである。これまでに出てきた状態量として,温度 T,圧力 P,体積 V,モル数 n,内部エネルギー U,エントロピー S,化学ポテンシャル μ,モル分率 x が挙げられるが,これらの状態量は,その特徴から,以下に示す

ように示量性状態量と示強性状態量の二つのグループに分けることができる（1.3.5項 参照）。

示量性状態量：V, n, U, S

示強性状態量：P, T, μ, x

これらの簡単な判定の仕方は，同じ状態の系を二つ準備し，それらを合わせたとき（系の大きさを2倍にしたとき），同じく2倍になる量が示量性，変化しない量が示強性である。例えば，標準状態で体積が$1\,\mathrm{m}^3$の気体を二つ合わせると$2\,\mathrm{m}^3$になるが，温度が100℃の液体を二つ合わせても200℃にはならず100℃のままである。また，示量性状態量をモル数で割って1モル当りの量にしたものは，一般的に示強性の量となる。

6.4 独立変数と従属変数

熱力学で用いる状態量は，いわば約10^{23}個の粒子の集団をどの角度から眺めているかといった違いでしかないので，それぞれの状態量はその物質を通してたがいになんらかの関係をもっている。例えば，理想気体の状態方程式では，系の圧力，体積，温度，モル数が一つの式で結び付けられている。すなわち，ある状態量を選ぶとそれは別の状態量を変数とする関数の形で表される。しかしながら，単原子理想気体のように具体的な関数の形が得られるのはきわめて単純化したモデルについてのみであり，現実の物質についてそれらの関数の具体的な形を得ることはほぼ不可能である。そのため，熱力学では関数の具体的な形には踏み込まず，選んだ変数の変化量と関数の変化量の間の関係だけで物質の特性の議論を進める方法をとる。その際，熱力学状態量は，その特性から完全微分を使える点で数学的な取扱いが簡単になっている。

例えば，モル数が一定である場合の内部エネルギーについて考えれば，Uの変数としてTとVを選んだ際のUの変化量の式は，すでに何回か出てきたように

$$dU = \left(\frac{\partial U}{\partial T}\right)_V dT + \left(\frac{\partial U}{\partial V}\right)_T dV$$

である。ここで，右辺の dT と dV は温度 T と体積 V の変化量であるが，これらの変数はたがいに無関係に変えられる（それぞれ独立に変化させることのできる）変数という意味で，**独立変数**と呼ばれている。一方，左辺の U の変化量は T と V の変化に応じて決まるという意味で，**従属変数**と呼ばれている。なお，$(\partial U/\partial T)_V$ や $(\partial U/\partial V)_T$ は偏微分係数であるが，そのうちのいくつかは比熱などの物性量と結び付けることができる。

内部エネルギーの変化量は，熱力学第一法則から熱 δQ と仕事 δW の和で書かれる。また可逆的な変化であれば，$\delta Q = TdS$, $\delta W = -PdV$ であるから

$$dU = TdS - PdV$$

と書くことができる。先ほどの例にならえば，内部エネルギーの独立変数としてエントロピー S と体積 V を選んだことになる。一方，$U = U(S, V)$ としたときの全微分は

$$dU = \left(\frac{\partial U}{\partial S}\right)_V dS + \left(\frac{\partial U}{\partial V}\right)_S dV \tag{6.18}$$

である。両者の比較から

$$-P = \left(\frac{\partial U}{\partial V}\right)_S \tag{6.19}$$

$$T = \left(\frac{\partial U}{\partial S}\right)_V \tag{6.20}$$

が得られる。すなわち，われわれが圧力と呼んでいた量は，内部エネルギーを温度一定の条件の下で体積で偏微分した量（にマイナス符号をつけたもの）であり，温度と呼んでいた量は，内部エネルギーを体積一定の条件の下でエントロピーで偏微分した量である。

上記のように，内部エネルギーに対してエントロピーと体積を変数に選ぶと，微分係数が直接的に状態量と関係づけられる。このような場合，エントロピーと体積は内部エネルギーに対する**自然な変数**であるという。また，エントロピーに対する温度や体積に対する圧力のように，自然な変数に対して必ず対

となる変数が決まっている。そのような関係を**共役な関係**と呼ぶ。さらに，自然な変数が示量性であれば対となるのは示強性であり，自然な変数が示強性であれば対となるのは示量性である。以下に共役な関係をもつ状態量の組を示す。

エントロピー S — 温度 T
体積 V — 圧力 P
モル数 n — 化学ポテンシャル μ

6.5　ギブス・デュエムの関係

共役な関係の状態量を掛け合わせるとエネルギーの次元をもつ量になる。そこで，内部エネルギー U をこれらの量を用いて以下のように表せると仮定してみる。

$$U = TS - PV + \mu n \tag{6.21}$$

この微分量 dU を計算すると

$$dU = d(TS - PV + \mu n) = d(TS) - d(PV) + d(\mu n)$$
$$= TdS + SdT - PdV - VdP + \mu dn + nd\mu \tag{6.22}$$

となる。これと式 (6.1) の開放系の内部エネルギー微小変化量 dU とを比較すると，両者が一致するためには

$$SdT - VdP + nd\mu = 0 \tag{6.23}$$

でなければならないことがわかる。この関係は**ギブス・デュエムの関係**と呼ばれている。物質の温度 T，圧力 P，化学ポテンシャル μ はすべて独立に変えられるわけではなく，このギブス・デュエムの式を満たすようにしか変化させることはできない。

多成分系のギブス・デュエムの式も，これまでと同様の議論から以下のように書くことができる。

$$SdT - PdV + \sum_i n_i d\mu_i = 0 \tag{6.24}$$

6.6 ギブスの相律

多成分系（1成分系を含む）の相の数と圧力や温度などの熱力学量の間には，ギブスの相律と呼ばれる非常に強力な制約が存在している。これを議論するために，まず系の"自由度"を定義しよう。系の自由度とは，"相平衡を保ったまま自由に変えることのできる示強性変数の数"のことである。

多成分多相の場合について考えるため，系の中の成分の数を c とし，平衡にある相の数を p としよう。示強性変数の総数は，各相の温度，圧力，および各成分の化学ポテンシャルであるから

$$\text{相の数} \times (\text{温度} + \text{圧力} + \text{成分の数}) = p \times (2+c) \tag{6.25}$$

である。ここから，平衡状態で示強性変数の間に成立する等式の数を引いていくと，自由に変えられる示強性変数の数すなわち自由度を得ることができる。

まず，平衡状態では，i 番目の相の温度を $T^{(i)}$，圧力を $P^{(i)}$ とすると，平衡では各相の温度と圧力は等しくなるから

$$T^{(1)} = T^{(2)} = \cdots = T^{(p)} \tag{6.26}$$

$$P^{(1)} = P^{(2)} = \cdots = P^{(p)} \tag{6.27}$$

が成り立つ。上の場合では，各相の温度と圧力として示強性の変数が $2p$ 個あり，その間に $2(p-1)$ 個の等式があるため，それらを差し引きすると自由に変えられる変数の数は 2 個になる。すなわち，各相の温度と圧力は系全体の温度 T と圧力 P に等しくなる。

平衡状態では各成分の化学ポテンシャルはすべての相で等しくなるので，以下の式が成り立つ。

$$\begin{aligned}
\mu_1^{(1)} &= \mu_1^{(2)} = \cdots = \mu_1^{(p)}, \\
\mu_2^{(1)} &= \mu_2^{(2)} = \cdots = \mu_2^{(p)}, \\
&\vdots \\
\mu_c^{(1)} &= \mu_c^{(2)} = \cdots = \mu_c^{(p)}
\end{aligned} \tag{6.28}$$

したがって，化学ポテンシャルに関する等式の数は，$c(p-1)$ 個になる。さ

らに各相の温度と圧力と化学ポテンシャルの間には，以下のギブス・デュエムの関係が成立する。

$$-S^{(1)}dT^{(1)} + V^{(1)}dP^{(1)} + \sum_{i=1}^{c} n_i d\mu_i^{(1)} = 0,$$

$$-S^{(2)}dT^{(2)} + V^{(2)}dP^{(2)} + \sum_{i=1}^{c} n_i d\mu_i^{(2)} = 0,$$

$$\vdots$$

$$-S^{(p)}dT^{(p)} + V^{(p)}dP^{(p)} + \sum_{i=1}^{c} n_i d\mu_i^{(p)} = 0 \tag{6.29}$$

この式の数は p 個あるので，最終的な自由度 f は以下の式のようになる。

$$f = p(c+2) - 2(p-1) - c(p-1) - p = c - p + 2 \tag{6.30}$$

これを**ギブスの相律**と呼ぶ。

6.7 基本方程式

内部エネルギー U を示量性の変数である体積 V，エントロピー S，モル数 n のみを変数として書き表したものを，**エネルギー形式の基本方程式**と呼ぶ[15]。この基本方程式を形式的に以下のように書いておく。

$$U = U(S, V, n) \tag{6.31}$$

この基本方程式は系の熱力学的な情報をすべて含んでおり，この式の具体的な形がわかればその物質のあらゆる熱力学量を計算で求めることができる。この基本方程式の全微分は以下のようになる。

$$dU = \left(\frac{\partial U}{\partial S}\right)_{V,n} dS + \left(\frac{\partial U}{\partial V}\right)_{S,n} dV + \left(\frac{\partial U}{\partial n}\right)_{S,V} dn \tag{6.32}$$

それぞれの変微分係数は，これまでの議論から示強性の状態量と等しくなる。例えば，体積とモル数を一定にした条件で内部エネルギーをエントロピーで偏微分すると温度 T が得られるが，それは同時に S, V, n を変数とした関数となっている。

$$\left(\frac{\partial U}{\partial S}\right)_{V,n} = T = T(S, V, n) \tag{6.33}$$

同様にして圧力 P と化学ポテンシャル μ の式を得ると

$$\left(\frac{\partial U}{\partial V}\right)_{S,n} = -P = -P(S, V, n) \tag{6.34}$$

$$\left(\frac{\partial U}{\partial n}\right)_{S,V} = \mu = \mu(S, V, n) \tag{6.35}$$

となる。これらの示強性状態量を示量性状態量を変数とした式で表したものを**状態方程式**と呼ぶ。この3本の状態方程式がすべてわかれば，その積分から基本方程式を得ることができる。

内部エネルギーを左辺におく代わりに，エントロピー S を左辺において U, V, n を変数とした関数をつくったとき，その式はエネルギー形式の基本方程式と同じ情報を有している。これを**エントロピー形式の基本方程式**と呼ぶ。この場合の基本方程式を形式的に書くと

$$S = S(U, V, n) \tag{6.36}$$

である。この全微分をとると

$$dS = \left(\frac{\partial S}{\partial U}\right)_{V,n} dU + \left(\frac{\partial S}{\partial V}\right)_{U,n} dV + \left(\frac{\partial S}{\partial n}\right)_{U,V} dn \tag{6.37}$$

となる。これと開放系の平衡のところで使用したエントロピーの微小変化の式を比較すると

$$\left(\frac{\partial S}{\partial U}\right)_{V,n} = \frac{1}{T} \tag{6.38}$$

$$\left(\frac{\partial S}{\partial V}\right)_{U,n} = \frac{P}{T} \tag{6.39}$$

$$\left(\frac{\partial S}{\partial n}\right)_{U,n} = -\frac{\mu}{T} \tag{6.40}$$

が得られる。また，エントロピー形式においてもギブス・デュエムの式が成立するが，独立変数のとり方の違いから，以下のような式になる。

$$Ud\left(\frac{1}{T}\right) + Vd\left(\frac{P}{T}\right) - nd\left(\frac{\mu}{T}\right) = 0 \tag{6.41}$$

エネルギー形式とエントロピー形式は，独立変数のとり方の違いから計算途中の微分などに若干の違いが出ることはあるが，最終的な答えはどちらの形式

でも同じになるので，問題の解き方に応じて使いやすいほうを使用すればよい。

単原子理想気体について，この基本方程式の具体的な形を求めてみよう。この問題ではエントロピー形式のほうが解きやすいので，そちらを用いることにする。単原子理想気体の内部エネルギーは $U = 3nRT/2$ であるが，これを変形するとこの式の右辺に相当する以下の式が得られる。

$$\frac{1}{T} = \frac{3nR}{2U} = \frac{3R}{2u} \tag{6.42}$$

また，理想気体の状態方程式 $PV = nRT$ を変形すると

$$\frac{P}{T} = \frac{nR}{V} = \frac{R}{v} \tag{6.43}$$

が得られる。化学ポテンシャルに関してはギブス・デュエムの式を変形して

$$d\left(\frac{\mu}{T}\right) = \frac{U}{n}d\left(\frac{1}{T}\right) + \frac{V}{n}d\left(\frac{P}{T}\right) = ud\left(\frac{1}{T}\right) + vd\left(\frac{P}{T}\right)$$
$$= u\left(-\frac{3}{2}\frac{R}{u^2}\right)du + v\left(-\frac{R}{v^2}\right)dv = -\frac{3}{2}\frac{R}{u}du - \frac{R}{v}dv \tag{6.44}$$

とし，これを積分すると以下の式を得る。

$$\left(\frac{\mu}{T}\right) - \left(\frac{\mu}{T}\right)_0 = -\frac{3}{2}R\ln\frac{u}{u_0} - R\ln\frac{v}{v_0} \tag{6.45}$$

ここで，u_0, v_0 は基準となる状態のモル当りの内部エネルギーと体積であり，$(\mu/T)_0$ は積分定数である。これらの式を最初の式 (6.37) に代入して積分すると，以下に示すような単原子理想気体の基本方程式を得る。

$$S = \frac{n}{n_0}S_0 + nR\ln\left\{\left(\frac{U}{U_0}\right)^{3/2}\left(\frac{V}{V_0}\right)\left(\frac{n}{n_0}\right)^{-5/2}\right\}$$
$$\left(S_0 = \frac{5}{2}n_0R - n_0\left(\frac{\mu}{T}\right)_0\right) \tag{6.46}$$

ここで積分定数の S_0 がわかれば，これから単原子理想気体に関するあらゆる熱力学量を導くことができる。この $S(U, V, n)$ の幾何的な特徴を考えよう。話を簡単にするために $n = 1$ すなわち 1 モル当りの量で考えると，変数が一つ減って $S(U, V)$ となり，S-U-V 空間の曲面として見ることができる。これ

を実際にグラフにすると，単原子理想気体の $S(U, V)$ は，図 6.2 に示すように上に凸の曲面であることがわかる。

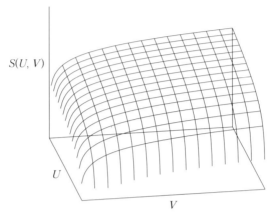

図 6.2　理想気体の基本方程式

章　末　問　題

(6.1) 理想気体の基本方程式が S-U-V 空間において示す曲面の立体模型をつくりなさい。

7 自由エネルギー

　熱力学の原理的な部分については，これまで説明してきた熱力学第一法則，第二法則までではほとんど完結しているといってよい。言い換えれば，系の基本方程式が得られれば，そこからすべての熱力学量を導くことができるし，系の変化の方向性についてはエントロピー増大の法則が支配している。しかしながら，一般的な物質の基本方程式を得ることはほぼ不可能であり，また，化学反応や相変化の起こるような実際の系でエントロピー増大の法則を確認するためには，完全な断熱条件の設定や観察系の問題などの実験的な困難を伴う。

　熱力学は，本来，われわれの生活環境にきわめて近いところで扱われてきており，特殊な実験条件や難しい手続きを必要としない簡便で扱いやすい形に書き換える必要がある。この章では，内部エネルギーに代わる量であるエンタルピーや自由エネルギーを導入し，それらが熱力学をどのように拡張するかについて述べる。なお，話を簡単にするために主に純粋系（1成分系）について議論を進めるが，必要に応じて多成分系への拡張を行う。

7.1　内部エネルギーとエンタルピー

　系の内部エネルギー U に対する自然な変数は，エントロピー S と体積 V およびモル数 N であり，U の微小な変化量 dU が以下のように書かれることをこれまでに示してきた。

$$dU = \delta Q + \delta W + \delta \omega = TdS - PdV + \mu dn \tag{7.1}$$

この式における内部エネルギーの独立変数 S, V, n は，孤立系の条件である断熱（$dS = 0$），剛体（$dV = 0$），密閉（$dn = 0$）と対応している。この dU と

熱 δQ の関係を考えるためには，体積とモル数を一定とした条件を考えればよく

$$(\partial U)_{V,n} = T(\partial S)_{V,n} = (\delta Q)_{V,n} \tag{7.2}$$

である。これは，体積とモル数が一定のときには，熱の変化を内部エネルギーの変化量（状態量の変化量）に置き換えることができ，それ以降の計算は完全微分の性質を使って簡易に計算を進めることができることを意味する。

ところで，体積が変化するような場合についても熱を状態量のように扱うことは可能であろうか。そこで，内部エネルギーに対する熱の寄与のみを取り出すために，力学的仕事の寄与として体積 V と圧力 P を掛けた量である PV （符号を含めると $-PV$ ）を内部エネルギー U から差し引いた量を考え，それを H とする。U と PV の両者ともエネルギーの単位をもつ量であるから，新しく考える量 H もエネルギーの単位をもつ量である。

$$H \equiv U - (-PV) = U + PV \tag{7.3}$$

また，U, P, V はすべて状態量であるから，新たにつくった H も状態量である。

この H の全微分をつくると以下のようになる。

$$dH = d(U + PV) = dU + d(PV) = dU + PdV + VdP \tag{7.4}$$

ここに式 (7.1) の dU を代入すると以下のようになる。

$$dH = TdS + VdP + \mu dn \tag{7.5}$$

ここで，圧力およびモル数を一定としたときの dH は

$$(\partial H)_{P,n} = T(dS)_{P,n} = (\delta Q)_{P,n} \tag{7.6}$$

となる。すなわち，圧力一定のときの熱と H という状態量が対応したことになる。この H を**エンタルピー**と呼ぶ。エンタルピーは，われわれが通常の条件（特に大気圧下で圧力一定の条件）で行う実験における熱の出入りを考える際に非常に便利な量であり，相転移や化学反応における熱を扱う際には必ず用いられている。

ここで，内部エネルギー U およびエンタルピー H と比熱の関係を整理しておこう。U, H と熱に関係した式をもう一度書くと

$$(\delta Q)_{V,n} = (\partial U)_{V,n} \tag{7.7}$$

$$(\delta Q)_{P,n} = (\partial H)_{P,n} \tag{7.8}$$

となる。それぞれの条件において温度変化で割ると

$$\frac{(\delta Q)_{V,n}}{(\partial T)_{V,n}} = \frac{(\partial U)_{V,n}}{(\partial T)_{V,n}} = \left(\frac{\partial U}{\partial T}\right)_{V,n} = nC_V \tag{7.9}$$

$$\frac{(\delta Q)_{P,n}}{(\partial T)_{P,n}} = \frac{(\partial H)_{P,n}}{(\partial T)_{P,n}} = \left(\frac{\partial H}{\partial T}\right)_{P,n} = nC_P \tag{7.10}$$

定積比熱および定圧比熱になる。また，U と H が状態量であることを利用すると，比熱を積分することにより異なる状態間の遷移に要する熱 ΔQ（もしくは ΔU や ΔH）を求めることができる。

$$(\Delta Q)_{V,n} = (U_B - U_A)_{V,n} = \int_{T_A}^{T_B} \left(\frac{\partial U}{\partial T}\right)_{V,n} dT = \int_{T_A}^{T_B} nC_V dT \tag{7.11}$$

$$(\Delta Q)_{P,n} = (H_B - H_A)_{P,n} = \int_{T_A}^{T_B} \left(\frac{\partial H}{\partial T}\right)_{P,n} dT = \int_{T_A}^{T_B} nC_P dT \tag{7.12}$$

さらに温度で割って積分するとエントロピーの変化量を得ることができる。

$$(\Delta S)_{V,n} = (S_B - S_A)_{V,n} = \int_{T_A}^{T_B} \frac{1}{T}\left(\frac{\partial U}{\partial T}\right)_{V,n} dT = \int_{T_A}^{T_B} \frac{nC_V}{T} dT \tag{7.13}$$

$$(\Delta S)_{P,n} = (S_B - S_A)_{P,n} = \int_{T_A}^{T_B} \frac{1}{T}\left(\frac{\partial H}{\partial T}\right)_{P,n} dT = \int_{T_A}^{T_B} \frac{nC_P}{T} dT \tag{7.14}$$

なお，後で述べる熱力学第三法則から純物質のエントロピーの原点が決まるため，エントロピーについてはその絶対値を決めることができる。

7.2 自由エネルギー

前章では内部エネルギーに対する熱の寄与を考えたが，ここでは内部エネルギーに対する仕事の寄与を考えよう。エンタルピーのときのように，内部エネルギーから熱の寄与として温度 T とエントロピー S を掛けた量 TS を差し引いて，新たな量 F をつくる。

$$F \equiv U - TS \tag{7.15}$$

また，熱の寄与 TS と力学的仕事の寄与 PV の両者を差し引いて，新たな量 G をつくる。

$$G \equiv U + PV - TS = H - TS \tag{7.16}$$

U, T, S, P, V は状態量であるから，F と G は状態量である。

これらの全微分を計算すると

$$dF = d(U - TS) = dU - d(TS) = dU - TdS - SdT \tag{7.17}$$

$$dG = d(U - TS + PV) = dU - d(TS) + d(PV)$$
$$= dU - TdS - SdT + PdV + VdP \tag{7.18}$$

これらに式 (7.1) の内部エネルギーの微小な変化量 dU を代入すると

$$dF = -SdT - PdV + \mu dn \tag{7.19}$$

$$dG = -SdT + VdP + \mu dn \tag{7.20}$$

となる。ここで F と G の独立変数を見ると，F については温度 T と体積 V とモル数 n，G については温度 T と圧力 P とモル数 n に置き換わったことがわかる。すなわち，実験との対比の際に F については温度と体積一定の条件が，G については温度と圧力一定の条件が使用できることになる。

つづいて，F と G の物理的な意味を考えよう。まず内部エネルギーの変化量をつぎのように書き直しておく。

$$\delta\omega = dU - \delta Q - \delta W = dU - \delta Q + PdV \tag{7.21}$$

ここで，δW は体積膨張による力学的仕事である。また，$\delta\omega$ は非力学的な仕事と呼ばれ，体積膨張による仕事以外の仕事によるエネルギー変化（例えば化学反応などにより生じるエネルギー）に関する量である。分子数の変化によるエネルギーの変化 $\delta W_C = \mu dn$ もこの非力学的仕事に含まれる。これに 5.5 節で説明したクラウジウスの不等式（$TdS \geq \delta Q > 0$）を代入すると

$$\delta\omega = dU - \delta Q + PdV \geq dU - TdS + PdV \tag{7.22}$$

となる。ここで，温度一定（$dT = 0$），体積一定（$dV = 0$），モル数一定（$dn = 0$）の条件では上式は形式的に

$$(\delta\omega)_{T,V,n} \geq (\partial U - T\partial S - S\partial T + P\partial V)_{T,V,n} = \{\partial(U - TS)\}_{T,V,n}$$
$$= (\partial F)_{T,V,n} \tag{7.23}$$

と書くことができる。$\delta\omega$ にマイナスをつけた量は系から外界に取り出せる非力学的仕事の大きさになるので，上式の両辺の符号をマイナスにすると

7.2 自由エネルギー

$$-(\partial\omega)_{T,V,n} \leqq -(dF)_{T,V,n} \tag{7.24}$$

となる。これは体積および温度一定の条件において，系から取り出すことのできる非力学的仕事の大きさに上限があり，その大きさは系の F という量の減少量と等しいかそれよりも小さいということを意味している。F と U の関係は

$$U = F + TS \tag{7.25}$$

であるから，物質のもつ全エネルギー U は，系の外に取り出せるエネルギーである F と物質に取り残されるエネルギー TS の和で描かれる。TS は，物質に束縛され物質の外に取り出すことのできないエネルギーという意味で，**束縛エネルギー**と呼ばれる。一方，F は，物質から解放されて物質の外に自由に取り出せるという意味で，自由エネルギー（**ヘルムホルツ自由エネルギー**）と呼ばれる。

先ほどの $\delta\omega$ の式に対して温度 T，圧力 P，モル数 n を一定としたときを考えよう。

$$\begin{aligned}(\delta\omega)_{T,P,n} &\geqq (\partial U - T\partial S - S\partial T + P\partial V + V\partial P)_{T,P,n} \\ &= \{\partial(U - TS + PV)\}_{T,P,n} = (\partial G)_{T,P,n}\end{aligned} \tag{7.26}$$

先ほどと同様に，外に取り出せる非力学的仕事に直すと

$$-(\partial\omega)_{T,P,n} \leqq -(\partial G)_{T,P,n} \tag{7.27}$$

となる。これは圧力および温度一定の条件において系から取り出すことのできる非力学的仕事の大きさに上限があり，その大きさは系の G という量の減少量と等しいかそれよりも小さいということを意味している。G と U の関係は

$$U = G + TS - PV \tag{7.28}$$

であるから，物質のもつ全エネルギー U は，系の外に取り出せるエネルギーである G と束縛エネルギー TS，および力学的エネルギー $-PV$ の和で描かれる。G も物質から解放されて自由に使用できるエネルギーを意味しており，自由エネルギー（**ギブス自由エネルギー**）と呼ばれる。

7.3 熱力学関数と平衡条件

エントロピー増大の法則では,孤立系のエントロピーを基に系の平衡条件と自発変化の方向を議論した。しかしながら,われわれの目にする現象はそのほとんどが孤立系ではなく,室温および大気圧下(温度や圧力一定の条件)で生じている。そこで,孤立系以外の状況において「エントロピー増大の法則」に代わるような平衡や自発変化を知る手段を考えてみよう。

まず,宇宙全体を孤立系とし,その中を系と外界に分けておく。話を簡単にするため,系と外界の間はエネルギーのみ移動を許されているとする(物質は移動しないとする)。そのときの宇宙全体のエントロピー変化 dS は,エントロピーが示量性の量であることから系のエントロピー変化 dS_S と外界のエントロピー変化 dS_R の和で書かれ

$$dS = dS_S + dS_R \tag{7.29}$$

である。

いま,宇宙全体が熱平衡であり,系と外界が等しく温度 T になっていると仮定する。そこで系から外界へ微小な熱 δq が可逆的に移動したとする。なお,外界の熱容量はきわめて大きいため,わずかな熱の移動では外界の温度は変化しないとしておく。このときの系と外界のエントロピー変化は

$$(\partial S_S)_T = \frac{(\delta Q_S)_T}{T} = \frac{-(\delta q)_T}{T} \tag{7.30}$$

$$(\partial S_R)_T = \frac{(\delta Q_R)_T}{T} = \frac{(\delta q)_T}{T} \tag{7.31}$$

すなわち

$$(\partial S_R)_T = \frac{(\delta q)_T}{T} = -\frac{-(\delta q)_T}{T} = -\frac{(\delta Q_S)_T}{T} \tag{7.32}$$

である。したがって,宇宙全体のエントロピーの変化量は

$$(\partial S)_T = (\partial S_S)_T - \frac{(\delta Q_S)_T}{T} \tag{7.33}$$

と書くことができた。

　これは，エントロピー増大の法則から変化の方向を考える際に，宇宙全体のエントロピーの変化（左辺）を考える代わりに，目の前の物質のエントロピーの変化（右辺）だけを考えればよいことを意味している。ただし，系と外界の温度が等しく，系と外界が熱平衡になっていることが前提となっている。さらに右辺の第2項にある非状態量の熱をなんらかの状態量で置き換えることができれば，計算が非常にしやすくなる。そこで温度に加えて系と外界の圧力が等しく力学的平衡にあるとすると，系の熱の変化 $(\delta Q_S)_{T,P}$ は系のエンタルピー変化 $(\partial H_S)_{T,P}$ に置き換えることができるため

$$(\partial S)_{T,P} = (\partial S_S)_{T,P} - \frac{(\partial H_S)_{T,P}}{T} \tag{7.34}$$

となる。ここで系におけるギブス自由エネルギー G_S は

$$G_S = U_S - T_S S_S + P_S V_S = H_S - T_S S_S \tag{7.35}$$

であるから

$$(\partial G_S)_{T,P} = \{\partial(U_S - T_S S_S)\}_{T,P} = (\partial H_S)_{T,P} - T(\partial S_S)_{T,P} \tag{7.36}$$

$$(\partial S_S)_{T,P} - \frac{(\partial H_S)_{T,P}}{T} = -\frac{(\partial G_S)_{T,P}}{T} \tag{7.37}$$

であり，結果として

$$(\partial S)_{T,P} = -\frac{(\partial G_S)_{T,P}}{T} \tag{7.38}$$

となる。

　これは，系と外界の温度と圧力が平衡であるとき（言い換えれば，系と外界の温度と圧力が等しいとき），宇宙全体のエントロピーの変化を系におけるギブス自由エネルギーの変化に置き換えて考えることができることを意味している。宇宙全体は孤立系であるから，系の自発的な変化に対して $dS > 0$ である。これを上式に代入すると，系の自発的な変化に対して

$$(\partial G)_{T,P} < 0 \tag{7.39}$$

となる。また平衡では

$$(\partial G)_{T,P} = 0 \tag{7.40}$$

である。

　温度 T と圧力 P 一定の条件において系がある状態 A であるとする。T と P 以外の状態量（例えば組成や密度など）を変化させることでより低い自由エネルギーの状態 B になるとき，系は自発的に状態 A から状態 B に変化する。言い換えれば，系はより自由エネルギーの低い状態に変化しつづけ，最も自由エネルギーが低い状態になったときに平衡状態となる。

　同様な議論によって，温度と体積を一定とした条件における自発変化の条件は，ヘルムホルツ自由エネルギーを用いて

$$(\partial F)_{T,V} < 0 \tag{7.41}$$

となり，また平衡は

$$(\partial F)_{T,V} = 0 \tag{7.42}$$

となる。物質系の熱力学，特に化学反応を伴うような化学熱力学と呼ばれる分野では，常温（25℃），大気圧（1 気圧）の実験との比較が多いため，ギブス自由エネルギーがよく用いられる。一方，統計熱力学を用いるような分野では，体積一定の条件における理論計算との比較が行われるため，ヘルムホルツ自由エネルギーがよく用いられる。

7.4　マクスウェルの関係式

　これまでに U, H, F, G の 4 種類のエネルギーの単位をもつ熱力学関数が出てきたが，もう一度それらをまとめておこう。まず，それぞれの関数の定義と自然な変数の組合せは以下のようになる。

$$U = U(S, V, n) \tag{7.43}$$
$$H = H(S, P, n) = U + PV \tag{7.44}$$
$$F = F(T, V, n) = U - TS \tag{7.45}$$
$$G = G(T, P, n) = U + PV - TS \tag{7.46}$$

これら完全微分は，以下のようになる。

7.4 マクスウェルの関係式

$$dU = \left(\frac{\partial U}{\partial S}\right)_{V,n} dS + \left(\frac{\partial U}{\partial V}\right)_{S,n} dV + \left(\frac{\partial U}{\partial n}\right)_{S,V} dn \tag{7.47}$$

$$dH = \left(\frac{\partial H}{\partial S}\right)_{P,n} dS + \left(\frac{\partial H}{\partial P}\right)_{S,n} dV + \left(\frac{\partial H}{\partial n}\right)_{S,P} dn \tag{7.48}$$

$$dF = \left(\frac{\partial F}{\partial T}\right)_{V,n} dT + \left(\frac{\partial F}{\partial V}\right)_{T,n} dV + \left(\frac{\partial F}{\partial n}\right)_{T,V} dn \tag{7.49}$$

$$dG = \left(\frac{\partial G}{\partial T}\right)_{P,n} dT + \left(\frac{\partial G}{\partial P}\right)_{T,n} dV + \left(\frac{\partial G}{\partial n}\right)_{T,P} dn \tag{7.50}$$

一方

$$dU = TdS - PdV + \mu dn \tag{7.51}$$

$$dH = TdS + VdP + \mu dn \tag{7.52}$$

$$dF = -SdT - PdV + \mu dn \tag{7.53}$$

$$dG = -SdT + VdP + \mu dn \tag{7.54}$$

であり，両者の比較から

$$T = \left(\frac{\partial U}{\partial S}\right)_{V,n} = \left(\frac{\partial H}{\partial S}\right)_{P,n} \tag{7.55}$$

$$-P = \left(\frac{\partial U}{\partial V}\right)_{S,n} = \left(\frac{\partial F}{\partial V}\right)_{T,n} \tag{7.56}$$

$$-S = \left(\frac{\partial F}{\partial T}\right)_{V,n} = \left(\frac{\partial G}{\partial T}\right)_{P,n} \tag{7.57}$$

$$V = \left(\frac{\partial H}{\partial P}\right)_{S,n} = \left(\frac{\partial G}{\partial P}\right)_{T,n} \tag{7.58}$$

特に

$$\mu = \left(\frac{\partial U}{\partial n}\right)_{S,V} = \left(\frac{\partial H}{\partial n}\right)_{S,P} = \left(\frac{\partial F}{\partial n}\right)_{T,V} = \left(\frac{\partial G}{\partial n}\right)_{T,P} \tag{7.59}$$

である。

上で示した dG の式に対して，式 (6.23) のギブス・デュエムの関係（$SdT - VdP + nd\mu = 0$）を代入すると

$$dG = -SdT + VdP + \mu dn = nd\mu + \mu dn = d(n\mu) \tag{7.60}$$

が得られる。すなわち

$$G = n\mu \tag{7.61}$$

であるから，物質の中に1種類の分子しか含まれない系（純物質）のときには，化学ポテンシャルは1モル当りのギブス自由エネルギーと等しくなる（2種類以上の分子からなる多成分系のときには，そうならないので注意しよう）。

3章で述べたように，ある関数 $f(x, y)$ の完全微分をつくれる場合，下記の関係が成立する。

$$\left\{\frac{\partial}{\partial x}\left(\frac{\partial f}{\partial y}\right)_x\right\}_y = \left\{\frac{\partial}{\partial y}\left(\frac{\partial f}{\partial x}\right)_y\right\}_x \tag{7.62}$$

これを先ほどの U, H, F, G に適用してみよう。例えば G については

$$\left\{\frac{\partial}{\partial P}\left(\frac{\partial G}{\partial T}\right)_{P,n}\right\}_{T,n} = \left\{\frac{\partial}{\partial T}\left(\frac{\partial G}{\partial P}\right)_{T,n}\right\}_{P,n} \tag{7.63}$$

と書くことができ，ここに式(7.57)と式(7.58)を代入すると

$$-\left(\frac{\partial S}{\partial P}\right)_{T,n} = \left(\frac{\partial V}{\partial T}\right)_{P,n} \tag{7.64}$$

が得られる。この関係式は，**マクスウェルの関係式**と呼ばれる一群の式の中の一つである。

上式の左辺は温度一定の条件の下で圧力を変えたときのエントロピーの変化（熱の変化），という非常に測りにくい量である。一方，右辺は圧力一定の条件において温度を変えたときの体積変化の大きさ，すなわち熱膨張係数に相当し，これはきわめて測りやすい量である。このマクスウェルの関係式を使うと，このように測定困難な量を容易な量に置き換えることができる。熱力学の計算でよく用いられるマクスウェルの関係式を，以下に示す。まず U の完全微分から以下の式が得られる。

$$-\left(\frac{\partial P}{\partial S}\right)_{V,n} = \left(\frac{\partial T}{\partial V}\right)_{S,n} \tag{7.65}$$

また，H と F の関係式から以下の式が得られる。

$$\left(\frac{\partial V}{\partial S}\right)_{P,n} = \left(\frac{\partial T}{\partial P}\right)_{S,n} \tag{7.66}$$

$$\left(\frac{\partial P}{\partial T}\right)_{V,n} = \left(\frac{\partial S}{\partial V}\right)_{T,n} \tag{7.67}$$

7.5 ギブス・ヘルムホルツの関係

　自由エネルギーを得るために式(7.15)や式(7.16)を使用すると，内部エネルギー U の他に温度 T や体積 V などの状態量が必要になるが，式を工夫することでより少ない状態量から求めることが可能となる。

　例えば，ギブス自由エネルギーを温度で割った量を考え，それを圧力一定の条件において温度で微分すると

$$\left\{\frac{\partial}{\partial T}\left(\frac{G}{T}\right)\right\}_P = \frac{1}{T}\left(\frac{\partial G}{\partial T}\right)_P + G\left(\frac{\partial T^{-1}}{\partial T}\right)_P = \frac{1}{T}\left(\frac{\partial G}{\partial T}\right)_P - \frac{G}{T^2} \quad (7.68)$$

となる。ここで，式(7.57)より

$$\left(\frac{\partial G}{\partial T}\right)_P = -S$$

であり，さらにギブス自由エネルギーの定義式(7.16)より

$$H = G + TS$$

であるから，これらを式(7.68)に代入して整理すると

$$\left\{\frac{\partial}{\partial T}\left(\frac{G}{T}\right)\right\}_P = -\frac{S}{T} - \frac{G}{T^2} = -\frac{ST + G}{T^2} = -\frac{H}{T^2} \quad (7.69)$$

が得られる。

　ある状態1から別の状態2への変化については，それぞれの状態について式(7.69)をつくり，それを引き算すれば

$$\left\{\frac{\partial}{\partial T}\left(\frac{\Delta G}{T}\right)\right\}_P = -\frac{\Delta H}{T^2} \quad (7.70)$$

が得られる。ここで $\Delta H = H_2 - H_1$，$\Delta G = G_2 - G_1$ である。式(7.70)は**ギブス・ヘルムホルツの関係**と呼ばれており，9章の化学平衡を考える上で重要な式として用いられる。

7.6 多成分系への拡張

合金や溶液のような混合物の系において，状態の変化の際に相転移や化学反応を伴う場合，複数種の原子や分子のモル数の変化を考える必要がある。そのため，先ほどの熱力学関数を多成分の系に拡張しておこう。

多成分の内部エネルギーの変化量は

$$dU = TdS - PdV + \sum_i \mu_i dn_i \tag{7.71}$$

である。他の熱力学関数 H, F, G に対しても同様にして拡張することができ，それぞれの熱力学関数と化学ポテンシャルとの対応は以下のようになる。

$$dH = TdS + VdP + \sum_i \mu_i dn_i \tag{7.72}$$

$$dF = -SdT - PdV + \sum_i \mu_i dn_i \tag{7.73}$$

$$dG = -SdT + VdP + \sum_i \mu_i dn_i \tag{7.74}$$

また，成分 i の化学ポテンシャルは，成分 i 以外の成分のモル数と対応する熱力学量を一定とした場合のモル数による偏微分になる。

$$\mu_i = \left(\frac{\partial U}{\partial n_i}\right)_{S, V, \{n_{j \neq i}\}} = \left(\frac{\partial H}{\partial n_i}\right)_{S, P, \{n_{j \neq i}\}} = \left(\frac{\partial F}{\partial n_i}\right)_{T, V, \{n_{j \neq i}\}} = \left(\frac{\partial G}{\partial n_i}\right)_{T, P, \{n_{j \neq i}\}} \tag{7.75}$$

ここで，添字の $\{n_{j \neq i}\}$ は，i を除くすべての分子種のモル数を一定にすることを意味している。

これに関連してギブス・デュエムの関係も下記のようにして多成分系に拡張される。

$$SdT - PdV + \sum_i n_i d\mu_i = 0 \tag{7.76}$$

これをギブス自由エネルギーの式に代入すると，下記の関係が得られる。

$$G = \sum_i \mu_i n_i \tag{7.77}$$

式 (7.61) に示した1成分系のときのように，化学ポテンシャルが1モル当りのギブス自由エネルギーではない点に注意しよう。

7.7　理想気体の U, H, F, G

熱力学では U や G の変化量が重要であり，それらの絶対値や具体的な関数形を必ずしも知る必要はない。しかしながら，変化量だけで話を進めていると，議論が抽象的になり，全体のイメージがつかみにくくなるかもしれない。単原子理想気体の場合には基本方程式が簡単に得られるので，それを基に熱力学関数の具体的な形を導いてみよう。単原子理想気体の基本方程式は，前章の議論において以下のように示された。

$$S(U, V, n) = \frac{n}{n_0} S_0 + nR\ln\left\{\left(\frac{U}{U_0}\right)^{3/2}\left(\frac{V}{V_0}\right)\left(\frac{n}{n_0}\right)^{-5/2}\right\}$$

今後の計算の見通しをよくするため，これを下記のように変形する。

$$S_r = n_r + n_r\alpha\ln\left(U_r^{3/2}V_r n_r^{-5/2}\right) \tag{7.78}$$

ここで，基準状態の熱力学量で割って無次元化したものを $S_r = S/S_0$，$n_r = n/n_0$，$U_r = U/U_0$，$V_r = V/V_0$ と表した。また，$\alpha = n_0 R/S_0$ である。さらに無次元化したモル数で割った U_r/n_r，S_r/n_r，V_r/n_r をそれぞれ u_r, s_r, v_r で表すと

$$s_r = 1 + \alpha\ln\left(u_r^{3/2} v_r\right) \tag{7.79}$$

となる。

単原子理想気体の状態方程式についても

$$P(V, T, n) = \frac{nRT}{V}$$

$$P_0 = \frac{n_0 RT_0}{V_0}$$

の両辺を割り算すれば下記のように書くことができる。

$$P_r = \frac{n_r T_r}{V_r} = \frac{T_r}{v_r} \tag{7.80}$$

ここで $P_r = P/P_0$，$T_r = T/T_0$ とした。単原子理想気体の内部エネルギーが

$$U(V,T,n) = \frac{3}{2}nRT$$

と表されるのに対して同様な記号の置き換えをすると

$$u_r = T_r \tag{7.81}$$

となる。

　まず、内部エネルギー U を S, V, n の関数として表してみよう。式 (7.79) の s_r の式を u_r について解くと

$$u_r(s_r, v_r) = v_r^{-2/3}\exp\left\{\frac{2}{3\alpha}(s_r-1)\right\} \tag{7.82}$$

となる。u_r, v_r, s_r を U, V, S に直せば $U(S,V,n)$ が得られる。ところで

$$\left(\frac{\partial U}{\partial S}\right)_{V,n} = T, \qquad \left(\frac{\partial U}{\partial V}\right)_{S,n} = -P$$

であったが、上記の式が本当にそうなっているのか確かめてみよう。変数を変換しているので偏微分を書き直すと

$$\left(\frac{\partial U}{\partial S}\right)_{V,n} = \left(\frac{\partial}{\partial S}\frac{nU_0}{n_0}u_r\right)_{V,n} = \left(\frac{\partial}{\partial s_r}\frac{\partial s_r}{\partial S}\frac{nU_0}{n_0}u_r\right)_{V,n}$$
$$= \left(\frac{\partial}{\partial s_r}\frac{n_0}{nS_0}\frac{nU_0}{n_0}u_r\right)_{V,n} = \frac{U_0}{S_0}\left(\frac{\partial u_r}{\partial s_r}\right)_{V,n}$$

となる。したがって

$$\left(\frac{\partial U}{\partial S}\right)_{V,n} = \frac{U_0}{S_0}\left(\frac{\partial u_r}{\partial s_r}\right) = \frac{U_0}{S_0}\left[\frac{2}{3\alpha}v_r^{-2/3}\exp\left\{\frac{2}{3\alpha}(s_r-1)\right\}\right] \tag{7.83}$$

である。

　この式の右辺が温度 T と等しくなるかどうか確かめるためには T を S, V, n の関数で表す必要がある。これはすでに出てきた式を用いると

$$T_r(S,V,n) = u_r = v_r^{-2/3}\exp\left\{\frac{2}{3\alpha}(s_r-1)\right\} \tag{7.84}$$

となるので、これと $\alpha = n_0 R/S_0$ を先ほどの式に代入すると

$$\left(\frac{\partial U}{\partial S}\right)_{V,n} = \frac{U_0}{S_0}\left(\frac{2}{3\alpha}T_r\right) = \frac{2}{3}\frac{U_0}{S_0T_0}\frac{S_0}{n_0R}T = \frac{U_0}{3n_0RT_0/2}T = \frac{U_0}{U_0}T$$
$$= T \tag{7.85}$$

となり、確かに T が得られる。同様にして圧力 P についても

$$\left(\frac{\partial U}{\partial V}\right)_{S,n} = \left(\frac{\partial}{\partial V}\frac{nU_0}{n_0}u_r\right)_{S,n} = \left(\frac{\partial}{\partial v_r}\frac{\partial v_r}{\partial V}\frac{nU_0}{n_0}u_r\right)_{S,n}$$
$$= \left(\frac{\partial}{\partial v_r}\frac{n_0}{nV_0}\frac{nU_0}{n_0}u_r\right)_{S,n} = \frac{U_0}{V_0}\left(\frac{\partial u_r}{\partial v_r}\right)_{S,n}$$

であり

$$\left(\frac{\partial U}{\partial V}\right)_{S,n} = \frac{U_0}{V_0}\left(\frac{\partial u_r}{\partial v_r}\right)_{S,n} = \frac{U_0}{V_0}\left[-\frac{2}{3}v_r^{-5/3}\exp\left\{\frac{2}{3\alpha}(s_r-1)\right\}\right] \quad (7.86)$$

また

$$P_r = \frac{T_r}{v_r} = \frac{u_r}{v_r} = v_r^{-5/3}\exp\left\{\frac{2}{3\alpha}(s_r-1)\right\} \quad (7.87)$$

であるから

$$\left(\frac{\partial U}{\partial V}\right)_{S,n} = \frac{U_0}{V_0}\left(\frac{\partial u_r}{\partial v_r}\right)_{S,n} = \frac{U_0}{V_0}\left(-\frac{2}{3}P_r\right)$$
$$= -\frac{2}{3}\frac{U_0}{V_0 P_0}P = -\frac{n_0 RT_0}{n_0 RT_0}P = -P \quad (7.88)$$

となる。

ここで，内部エネルギー $U(S, V, n)$ の形を考えよう。$n = 1$ で一定であるとすれば変数が一つ減って $U(S, V)$ となり，U-S-V 空間の曲面で表すことができる。$n/n_0 = 1$ であるから，$U(S, V)$ は

$$U_r = V_r^{-2/3}\exp\left\{\frac{2}{3\alpha}(S_r-1)\right\} \quad (7.89)$$

と表される。これをグラフにすると図7.1のようになる（$\alpha = 1$ とした場合）。

エンタルピー，ヘルムホルツ自由エネルギー，ギブス自由エネルギーについても同様にして具体的な形を求めよう。まずエンタルピーの定義から以下のようにして求められる。

$$H = U + PV = \frac{nU_0}{n_0}u_r + \frac{nV_0}{n_0}v_r P_0 P_r = \frac{n}{n_0}(U_0 u_r + V_0 P_0 v_r P_r)$$
$$\quad (7.90)$$

ここで，$v_r P_r = T_r = u_r$ より

$$H = \frac{n}{n_0}(U_0 + V_0 P_0)u_r \quad (7.91)$$

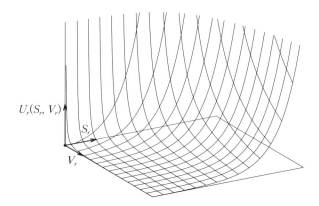

図 7.1 理想気体の U-V-S 曲面

である。さらに $H_0 = U_0 + V_0 P_0$, $H/H_0 = H_r$, $H_r/n_r = h_r$ とおけば

$$h_r = u_r \tag{7.92}$$

となる。ただし，エンタルピーは自然な変数として圧力とエントロピーを選ぶため，先ほどの u_r を S と P を変数とするように書き換える必要がある。$P_r v_r = T_r = u_r$ より $v_r = u_r/P_r$ であるからこれを代入すると

$$\begin{aligned} h_r(s_r, P_r) = u_r &= \left(\frac{u_r}{P_r}\right)^{-2/3} \exp\left\{\frac{2}{3\alpha}(s_r - 1)\right\} \\ &= P_r^{2/5} \exp\left\{\frac{2}{5\alpha}(s_r - 1)\right\} \end{aligned} \tag{7.93}$$

したがって，$n = n_0 = 1$ としたときに，H-P-S 空間においてエンタルピーの表す曲面は**図 7.2** のようになる。

ヘルムホルツ自由エネルギーは定義より

$$F = U - TS = \frac{n}{n_0}(U_0 u_r - T_0 S_0 T_r s_r) \tag{7.94}$$

ここから，U と S に関わる変数を T と V だけを変数とするように書き直すと，$u_0 = U_0/n_0$, $u_r = T_r$, $f = F/n$ より

$$\frac{F}{nT_r} = \frac{f}{T/T_0} = u_0 - T_0 s_0 s_r = u_0 - T_0 s_0 \{1 + \alpha \ln(T_r^{3/2} v_r)\} \tag{7.95}$$

7.7 理想気体の U, H, F, G 133

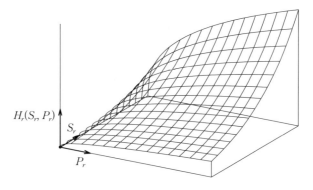

図 7.2 理想気体の H–P–S 曲面

$f_0 = u_0 - T_0 s_0$, $f/f_0 = f_r$ とすれば

$$\frac{f}{T/T_0} = f_0 - T_0 s_0 \alpha \ln(T_r^{3/2} v_r) \quad \therefore \quad \frac{f}{T} = \frac{f_0}{T_0} - s_0 \alpha \ln(T_r^{3/2} v_r)$$
(7.96)

$$\frac{f_r}{T_r} = 1 - \beta \ln(T_r^{3/2} v_r) \quad \therefore \quad f_r(T, V, N) = T_r - T_r \beta \ln(T_r^{3/2} v_r)$$
(7.97)

ただし，$\beta = T_0 R/f_0$ である．したがって，$n = n_0 = 1$ としたときに，F-T-V 空間における F の曲面は**図 7.3** のようになる（$\beta = 1$ とした場合）．

ギブス自由エネルギーは，定義より

$$G = H - TS = \frac{n}{n_0}(H_0 h_r - T_0 S_0 T_r s_r)$$
(7.98)

であり，F の場合と同様の変形をすると

$$g_r(T, P, N) = T_r - T_r \beta \ln(T_r^{5/2} P_r^{-1})$$
(7.99)

となる．したがって，$n = n_0 = 1$ としたときに，G-T-P 空間における G の曲面は**図 7.4** のようになる．なお，一成分系の場合には $\mu = G/n$ であり，化学ポテンシャルは 1 モル当りのギブス自由エネルギーと同じ曲面で表される．

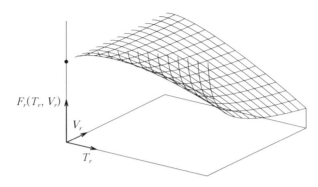

図 7.3 理想気体の F-V-T 曲面

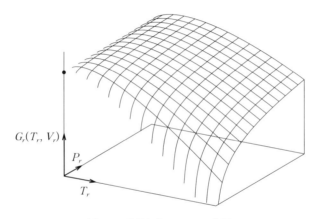

図 7.4 理想気体の G-T-P 曲面

章 末 問 題

(7.1) 図 7.5 の図形の意味を考えなさい。

(7.2) 単原子理想気体の U-S-V 曲面，H-S-P 曲面，F-T-V 曲面，G-T-P 曲面の 3 次元モデルをつくりなさい。

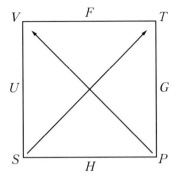

Valid Facts and Theoretical Understanding Generate Solutions to Hard Problems.

図 7.5 問題 (7.1) の図

8 相平衡

さて,熱力学を物質に対して用いる方法の解説を始めよう。中学校の理科や高校の化学において謎のまま残されてきた事柄が,熱力学によって解き明かされるのかどうか。この章では物質の三態とその相変化について解説する。

8.1 純物質の相平衡

気体,液体,固体のように物質がとるさまざまな形態を総称して「相」と呼ぶ。この相は,熱力学的に安定な平衡相と,アモルファスや過冷却液体などの非平衡相に分けられる。ある物質について,圧力や温度などの状態量とそのときに発現する相の関係を表したものを,**相図**もしくは**状態図**と呼ぶ。図8.1は

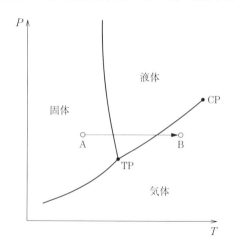

図 8.1 水の P-T 状態図

純粋な水の平衡相を P-T 平面上に模式的に表したものである。図の TP は**三重点**であり気相—液相—固相の三相が共存する点である。また CP は**臨界点**であり，これより高温高圧では気相と液相の区別がつかなくなる。

ある圧力 P_A において低温から高温へ温度を変えることは，この状態図上では状態 A から状態 B へ移動することに相当し，これはわれわれがよく知っているように圧力が高く温度が低い領域では水は固体の状態（氷）を示し，そこから温度が高くなるに従い液体の状態（水）を経て気体の状態（水蒸気）へと相を変化することに対応している。このような温度や圧力による物質の形態の変化を**相転移**と呼び，相転移の起こる状態（一般には圧力，温度，組成など）を**相転移点**と呼んでいる。二つの相を分けている線上では，例えば水と氷のように一つの系の中に二つの異なる相が同時に存在することができるため，この線のことを**共存線**と呼ぶ。

状態図上で A から B へ変化するときの水の熱力学量を考えてみよう。A から B へ変化する途中の温度 T におけるエンタルピー，エントロピー，ギブス自由エネルギーは，以下のようにして求められる。

$$\left.\begin{aligned}
H^S(T) &= H(T_0) + \int_{T_0}^{T} C_P^S dT' & (T \leq T_m) \\
H^L(T) &= H^S(T_m) + \Delta H_m + \int_{T_m}^{T} C_P^L dT' & (T_m \leq T \leq T_b) \\
H^G(T) &= H^L(T_b) + \Delta H_b + \int_{T_b}^{T} C_P^G dT' & (T_b \leq T)
\end{aligned}\right\} \quad (8.1)$$

$$\left.\begin{aligned}
S^S(T) &= S(T_0) + \int_{T_0}^{T} \frac{C_P^S}{T'} dT' & (T \leq T_m) \\
S^L(T) &= S^S(T_m) + \frac{\Delta H_m}{T_m} + \int_{T_m}^{T} \frac{C_P^L}{T'} dT' & (T_m \leq T \leq T_b) \\
S^G(T) &= S^L(T_b) + \frac{\Delta H_b}{T_b} + \int_{T_b}^{T} \frac{C_P^G}{T'} dT' & (T_b \leq T)
\end{aligned}\right\} \quad (8.2)$$

$$\left.\begin{aligned}
G^S(T) &= H^S(T) - T S^S(T) & (T \leq T_m) \\
G^L(T) &= H^L(T) - T S^L(T) & (T_m \leq T \leq T_b) \\
G^G(T) &= H^G(T) - T S^G(T) & (T_b \leq T)
\end{aligned}\right\} \quad (8.3)$$

ここで $G(T)$, $H(T)$, $S(T)$ や C_P の右上の添字の S, L, G は,それぞれ固体,液体,気体の状態の値であることを意味している.また T_m は融点,T_b は沸点,T_0 は基準とした状態の温度を示す.

1 気圧における氷の定圧比熱 C_P は約 38 J/(K·mol),水の C_P は約 76 J/(K·mol),沸点付近の水蒸気の C_P は約 34 J/(K·mol) である.また,融解熱 ΔH_m は 6 kJ/mol,蒸発熱 ΔH_b は 40 kJ/mol である.これらの関数を模式的に表すと図 8.2 のようになる.この場合それぞれの相の比熱を定数と仮定したため,エンタルピー H は傾きの異なる 3 本の直線になり,またエントロピー S はわずかに湾曲した 3 本の曲線になり,それぞれのグラフは相変化の温度において不連続が発生している.一方,自由エネルギー G は,固体→液体→気体と相の変化に伴って傾きを変えるが,関数自身は連続的である.不連続の関数である H と S から連続関数 G が得られることは一見不思議なようであるが,例えば融点

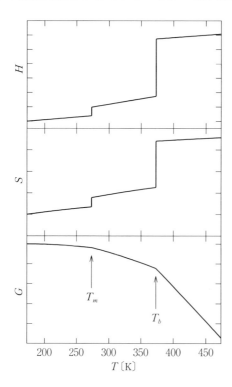

図 8.2 水のエンタルピー,エントロピー,ギブス自由エネルギー

における自由エネルギーの変化は

$$\Delta G_m = \Delta H_m - T_m \Delta S_m = \Delta H_m - T_m \frac{\Delta H_m}{T_m} = 0 \tag{8.4}$$

であり,結果的に T_m における G の不連続は相殺されていることがわかる。

　全微分の性質を利用した熱力学量の計算は,その関数がなめらかであることを前提としている。相転移点では一般に熱力学量やその微分量に不連続が生じるため,相転移点を間に挟むような積分の計算には注意をすべきである。式 (8.1), (8.2) は,相転移点を避けて積分の計算をしている。

　水は純物質であるため,1 モル当りのギブス自由エネルギーは化学ポテンシャルと等しい,すなわち,上の結果から二相が共存する温度ではそれぞれの相の化学ポテンシャルが等しいことがわかる。これを別の方法で考えてみよう。

　気相と液相の化学ポテンシャルをそれぞれ μ_G, μ_L とし,それらの相のモル数をそれぞれ n_G, n_L とすると,ある温度と圧力において気相と液相が共存する場合の系全体の自由エネルギーの変化量は

$$dG = \mu_G dn_G + \mu_L dn_L \tag{8.5}$$

となる。なお,温度と圧力は一定であるとしたため,ギブス自由エネルギーを使用している。ここで,液相から気相にわずかな量の物質が dn (>0) だけ移動したとすると,$dn_G = -dn_L = dn$ であるから

$$dG = (\mu_G - \mu_L)dn \tag{8.6}$$

系全体が平衡状態であれば,$dG = 0$ であるから

$$\mu_G = \mu_L \tag{8.7}$$

が成立していなくてはならない。すなわち,二つの相が共存している状況で系全体としては平衡状態が成立しているとき,共存する二つの相の化学ポテンシャルは等しくなる。

　この性質を利用すると,共存線上を維持したまま温度を上げるには圧力をどのように変化させればよいのか,すなわち共存線上の温度と圧力の関係を他の熱力学量から推測することができる。二相共存状態の各相をそれぞれ α 相と β 相とする。共存線上のある温度 T と圧力 P において

$$\mu_\alpha = \mu_\beta \tag{8.8}$$

が成り立つ。ここで，温度と圧力を共存線に沿って少しだけ変えたとすると，そこでの二相の化学ポテンシャルも等しくなければならないので

$$\mu_\alpha + d\mu_\alpha = \mu_\beta + d\mu_\beta \tag{8.9}$$

となる。式 (8.9) から式 (8.8) を引くと，共存線に沿った変化に対して

$$d\mu_\alpha = d\mu_\beta \tag{8.10}$$

が成り立たなければならないことがわかる。ここでは1成分の場合を考えているので，化学ポテンシャルは1モル当りのギブス自由エネルギーと等しくなるから

$$\left.\begin{array}{l} \mu_\alpha = \dfrac{G_\alpha}{n} = g_\alpha \\[2mm] \mu_\beta = \dfrac{G_\beta}{n} = g_\beta \end{array}\right\} \tag{8.11}$$

であり，したがって

$$\left.\begin{array}{l} d\mu_\alpha = dg_\alpha = v_\alpha dP - s_\alpha dT \\ d\mu_\beta = dg_\beta = v_\beta dP - s_\beta dT \end{array}\right\} \tag{8.12}$$

と書くことができる。

　これを代入して整理すると

$$v_\alpha dP - s_\alpha dT = v_\beta dP - s_\beta dT \quad \therefore\ (v_\alpha - v_\beta)dP = (s_\alpha - s_\beta)dT$$

$$\therefore\ \frac{dP}{dT} = \frac{s_\alpha - s_\beta}{v_\alpha - v_\beta} = \frac{\Delta s}{\Delta v} \tag{8.13}$$

となる。さらに平衡では，$\mu_\alpha = \mu_\beta$ であるから，α 相と β 相のモル当りの自由エネルギー差は

$$\Delta g = g_\alpha - g_\beta = \mu_\alpha - \mu_\beta = 0 \tag{8.14}$$

となる。自由エネルギーの差 Δg をエンタルピーの差（$\Delta h = h_\alpha - h_\beta$）とエントロピーの差（$\Delta s = s_\alpha - s_\beta$）を用いて書き直すと

$$\Delta g = \Delta h - T\Delta s = 0$$

$$\therefore\ \Delta s = \frac{\Delta h}{T} \tag{8.15}$$

が得られる。これを代入すると最終的に以下の式が得られる。

$$\frac{dP}{dT} = \frac{\Delta h}{T\Delta v} \tag{8.16}$$

これは，P-T 図上での α 相と β 相の共存線の傾きを相転移熱（潜熱）Δh とモル体積の差から求める式である。この式は**クラペイロンの式**と呼ばれる。

つづいて，クラペイロンの式を基に蒸気圧と蒸発熱の関係を求めてみよう。1 モルの水（約 18 mL）が蒸発すると，約 20 L の気体（水蒸気）になる。一般的に液体がすべて気体になると約 1 000 倍の体積に膨張する。すなわち，液相から気相への相変化に伴う体積の変化 Δv を，ほぼ気相の体積（$\Delta v = v_G - v_L \approx v_G$）としてしまっても計算をする上で大きな問題にならない。さらに，気相について理想気体の状態方程式が成り立つと仮定すると，クラペイロンの式は以下のように書き直すことができる。

$$\frac{dP}{dT} = \frac{\Delta h_b}{T\Delta v} \approx \frac{\Delta h_b}{Tv_G} \approx \frac{\Delta h_b}{RT^2/P} \tag{8.17}$$

変数を分離して両辺を状態 A(T_A, P_A) から状態 B(T_B, P_B) まで積分すると

$$\int_{P_A}^{P_B} \frac{dP}{P} = \int_{T_A}^{T_B} \frac{\Delta h_b}{RT^2} dT \tag{8.18}$$

$$\ln P_B - \ln P_A = -\frac{\Delta h_b}{R}\left(\frac{1}{T_B} - \frac{1}{T_A}\right) \tag{8.19}$$

が得られる。これは**クラウジウス・クラペイロンの式**と呼ばれている。この式を用いると，ある温度における蒸気圧と蒸発熱がわかれば，別の温度の蒸気圧を推測することができる。また蒸気圧が 1 気圧になる温度からその物質の蒸発熱を推測できる。

8.2 ファンデルワールス状態方程式と気相―液相平衡

ファンデルワールス状態方程式は，理想気体に対して分子の大きさと分子間の引力を扱えるように拡張したものである。この状態方程式の最大の特徴は，臨界点近傍の気相―液相平衡を取り扱える点にある。まず原子の大きさについ

て考えよう。原子一つの大きさはきわめて小さいが，1モル（約10^{23}個）集まればそれなりの大きさになる。1モル当りの原子の大きさをbとすると，nモルの全分子の体積はnbとなり，実際の気体の体積Vは理想気体の体積V^{id}よりも分子の分だけ体積が増加すると考えると

$$V = V^{id} + nb \tag{8.20}$$

となる。

つぎに分子間に働く引力については，ある分子と別の分子の距離をrとすると，rの小さなところでは引力が強く働き，距離が遠くなると引力は小さくなるであろう。たがいに力を及ぼし合う距離をr_cとすれば，ある一つの分子に働く力fは，r_cを半径とする球の中にある原子の数に比例する。その半径r_cの球の中の原子の数は，気体を入れた容器の中にある分子の密度（数密度），すなわちn/Vに比例する。また，容器の中にあるすべての気体分子がたがいに引き合う力の総和は，一つの分子に働く力f（$\propto n/V$）に容器の中の分子の密度n/Vを掛けたものに比例する。したがって，容器の中のすべての分子がたがいに引き合う力は$(n/V)^2$に比例する。1.5節の計算から気体の圧力は分子が壁に与える力積の平均であった。分子間の引力は壁に与える力積を減らす，すなわち圧力を減少させる効果をもつため，実際の気体の圧力Pは理想気体の圧力P^{id}よりも小さくなり，比例定数をaとすると

$$P = P^{id} - a\left(\frac{n}{V}\right)^2 \tag{8.21}$$

と表される。これらを理想気体の状態方程式$P^{id}V^{id} = nRT$に代入すると

$$\left(P + \frac{n^2 a}{V^2}\right)(V - nb) = nRT \tag{8.22}$$

と書くことができる。これは**ファンデルワールス状態方程式**と呼ばれている。

両辺をnで割ると以下のような1モル当りの状態方程式になる。

$$\left(P + \frac{a}{v^2}\right)(v - b) = RT \tag{8.23}$$

また，この式を左辺が圧力になるように変形すると，以下のようになる。

8.2 ファンデルワールス状態方程式と気相—液相平衡

$$P = \frac{RT}{v-b} - \frac{a}{v^2} \tag{8.24}$$

ファンデルワールス状態方程式において，密度（数密度：単位体積当りの分子数）$\rho = 1/v$ を用いて圧縮率因子 z を求めると，以下のようになる．

$$z = \frac{Pv}{RT} = \frac{P}{RT\rho} = \frac{1}{1-b\rho} - \frac{a\rho}{RT} \tag{8.25}$$

この z を密度 ρ で以下のように級数展開することを**ビリアル展開**と呼ぶが，その結果は以下のようになる．

$$\begin{aligned} z &= A_1 + A_2\rho + A_3\rho^2 + A_4\rho^3 + \cdots \\ &= 1 + \left(b - \frac{a}{RT}\right)\rho + b^2\rho^2 + b^3\rho^3 + \cdots \end{aligned} \tag{8.26}$$

ファンデルワールス状態方程式に従う気体の場合，温度に依存するのは A_2 のみであるため，異なる温度における係数 A_2 を実験で求めれば，そこから物質固有の定数である a, b を決めることができる．

このファンデルワールス状態方程式の最大の特徴は，臨界点近くの気体—液体の相転移を示す点である．この式を P-v 上で表すと，**図 8.3** に示すように**臨界温度** T_C の前後でつぎの3種類のグラフに分類できる．$T > T_C$ では，体積の増加に従って圧力は単調に減少し，$T = T_C$ では，**臨界圧力** P_C および臨

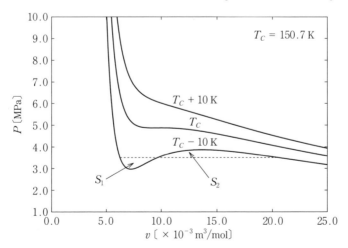

図 8.3 ファンデルワールス状態方程式を用いたアルゴンの P-v 図

界体積 v_C において変曲点をもち，$T < T_C$ では極大と極小を示す．

このファンデルワールス状態方程式の極大と極小の間では，圧力を体積で微分したときの微分係数が正の値となる．言い換えれば，体積を圧縮したときに圧力が減少することになる．通常の物質では外界から圧力をかけて体積を圧縮すると物質の圧力が増加し，両者が釣り合ったところでそれ以上圧縮できなくなるが，この極大と極小の間の状態では，物質を圧縮すると物質の圧力も小さくなってしまうため，無限に圧縮できてしまうことになる．このような実際に起こりえない状態を"熱力学的に許されない状態"と呼ぶ．

この熱力学的に許されない状態を避けるために，**マクスウェルの規則**が用いられる．これは，ファンデルワールス状態方程式において，図8.3のように $T < T_C$ の曲線に対して極大と極小の間に圧力一定の線を引き，その線とファンデルワールス状態方程式で囲まれた二つの面積（S_1 と S_2）が等しくなるようにその圧力を決め，その線を気体-液体の共存線に置き換える方法である．このマクスウェルの規則については，後ほど詳しく説明する．

臨界点は P-v 曲線の変曲点となるため，下記の条件が成立する．これを基に臨界点の温度 T_C，圧力 P_C，体積 v_C を a と b を用いて書いてみよう．

$$\left(\frac{dP}{dv}\right)_{T=T_C} = 0 \tag{8.27}$$

$$\left(\frac{d^2P}{dv^2}\right)_{T=T_C} = 0 \tag{8.28}$$

まず，式 (8.27) の条件から

$$\left(\frac{dP}{dv}\right)_{T=T_C} = -\frac{RT_C}{(v-b)^2} + \frac{2a}{v^3} = 0 \tag{8.29}$$

となり，式 (8.28) の条件から

$$\left(\frac{d^2P}{dv^2}\right)_{T=T_C} = \frac{2RT_C}{(v-b)^3} - \frac{6a}{v^4} = 0 \tag{8.30}$$

となる．これらの式から RT_C を消去すると

$$\frac{2a(v-b)^2}{v^3} = \frac{3a(v-b)^3}{v^4} \tag{8.31}$$

となり,$v \neq 0$, $v \neq b$ より

$$v_C = 3b \tag{8.32}$$

が得られる。つぎに T_C を求めると

$$T_C = \frac{2a(v_C - b)^2}{Rv_C^3} = \frac{8a}{27Rb} \tag{8.33}$$

最後に,P_C は

$$P_C = \frac{RT_C}{v_C - b} - \frac{a}{v_C^2} = \frac{a}{27b^2} \tag{8.34}$$

となる。定数 a, b は,その物質の臨界点の温度,圧力,体積がわかれば上の式からも求めることができる。代表的な物質のファンデルワールス定数を**表 8.1** に示す。

表 8.1 ファンデルワールス定数

	a [Pa·m^6/mol^2]	b [m^3/mol]		a [Pa·m^6/mol^2]	b [m^3/mol]
He	0.003 46	0.023 8 × 10^{-3}	H$_2$	0.024 53	0.026 51 × 10^{-3}
Ne	0.020 8	0.016 72 × 10^{-3}	O$_2$	0.138 2	0.031 86 × 10^{-3}
Ar	0.135 5	0.032 01 × 10^{-3}	N$_2$	0.137 0	0.038 7 × 10^{-3}
Kr	0.232 5	0.039 6 × 10^{-3}	H$_2$O	0.553 7	0.030 49 × 10^{-3}
Xe	0.419 2	0.051 56 × 10^{-3}	NH$_3$	0.422 5	0.037 13 × 10^{-3}
Rn	0.660 1	0.066 0 × 10^{-3}	CH$_4$	0.230 0	0.043 01 × 10^{-3}
Hg	0.519 3	0.010 57 × 10^{-3}	CO$_2$	0.365 8	0.042 86 × 10^{-3}

無次元化した温度 $T_r = T/T_C$,圧力 $P_r = P/P_C$,体積 $v_r = v/v_C$ を用いると,ファンデルワールス状態方程式を以下のように書き直すことができる。

$$\left(P_r + \frac{3}{v_r^2}\right)\left(v_r - \frac{1}{3}\right) = \frac{8T_r}{3} \tag{8.35}$$

$$P_r = \frac{8T_r}{3v_r - 1} - \frac{3}{v_r^2} \tag{8.36}$$

これは**還元状態方程式**と呼ばれ,このように変形することで物質固有の定数である a と b を消去してしまうことができる。これは,臨界点の近くではすべての気体が同じ振舞いを示すことを示唆している。還元状態方程式を $P\text{-}v\text{-}T$

146   8. 相 平 衡

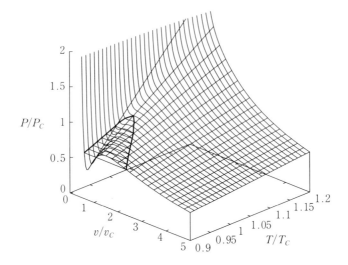

図 8.4　還元状態方程式の P-v-T 図

空間で表すと**図 8.4** のようになる†。

　温度一定の条件において，ヘルムホルツ自由エネルギーを体積で微分すると圧力が得られる。逆に，ファンデルワールス状態方程式を温度一定の条件において体積で積分すると，ヘルムホルツ自由エネルギー $f(v)$ を得ることができる。なお，この積分は熱力学的に許されない状態を含む積分であるため，本来の熱力学量の計算にはならないが，ファンデルワールス状態方程式の物理的な考察のために，それを承知の上であえて積分をしている。

　還元状態方程式を用いて，$T < T_C$ における $f(v)$ と $P(v)$ の関数の形と $f(v)$ の接線および平衡となる圧力 P_A の関係を**図 8.5** に示すが，マクスウェルの規則から二相共存の圧力 P_A を示す直線と $P(v)$ とで囲まれる二つの面積が等しくなるという性質をもっている。ここで P_A よりも圧力の小さいところが気体の状態に対応し，圧力の高いところが液体の状態に対応する。

　臨界温度よりも低い温度 T_A ($< T_C$) において，この $f(v)$ は，ω を斜めに傾けたような形をしており，$f(v)$ 上の異なる二点で接する接線を引くことが

---

† 図 2.6 のアンモニアの P-v-T と比較してみよう。

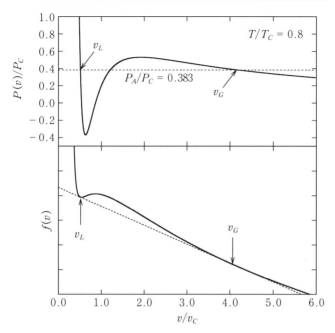

図 8.5 ファンデルワールス流体の状態方程式と自由エネルギー曲線

できる。先ほどの式から接線の傾きが圧力を表すので，このことは二つの接点が示す異なる二相の温度と圧力が等しくなり，二相が平衡状態となることを意味している。

このマクスウェルの規則について化学ポテンシャルを用いて説明しよう。まず，1モル当りのギブス自由エネルギー g を温度一定の条件において圧力で偏微分すると，1モル当りの体積 v になる。

$$\left(\frac{\partial g}{\partial P}\right)_T = v(P) \tag{8.37}$$

体積を圧力の関数で表し，それを基準状態 O の圧力 P_0 から任意の状態の圧力 P まで積分すると，純物質の1モル当りのギブス自由エネルギー，すなわち化学ポテンシャルを圧力の関数として得ることができる。

$$\mu(P) = \mu(P_0) + \int_{P_0}^{P} v(P')dP' \tag{8.38}$$

ファンデルワールス状態方程式 $P(v)$ の逆関数 $v(P)$ を求めて上式に代入す

れば具体的な化学ポテンシャルを得ることができるが，ファンデルワールス状態方程式の場合には計算が少々複雑になるため，ここでは関数のグラフを基に議論を進める．まず，逆関数 $v(P)$ は**図 8.6** に示すように図 8.5 の $P(v)$ の縦軸と横軸を入れ替えることにより得ることができる．$v(P)$ を圧力 P_0 から圧力 P まで積分するのは，P_0 から P までの範囲の $v(P)$ の面積を求めることと等価である．$v(P)$ は多価の関数であるため，図 8.6 に示すように途中の状態を A から F までマークをつけていくつかの区間に分けて積分を計算する．

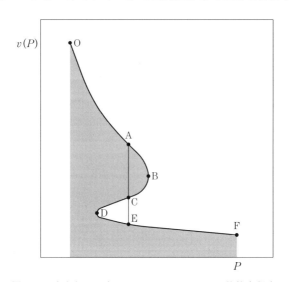

図 8.6 $v(P)$ として表したファンデルワールス状態方程式

まず O から B までの区間 I では，通常の積分と同じく

$$\mu^{\mathrm{I}}(P) = \mu^{\mathrm{I}}(P_0) + \int_{P_0}^{P} v(P')dP' \tag{8.39}$$

となり，このときの μ は $v(P)$ と横軸 P で囲まれた面積と等しくなる．つぎに B から D の区間 II については，$P < P_B$ となるため $v(P)$ と横軸 P で囲まれた面積に対応させて考えると，その寄与はマイナスとなり

$$\mu^{\mathrm{II}}(P) = \mu^{\mathrm{I}}(P_B) + \int_{P_B}^{P} v(P')dP' = \mu^{\mathrm{I}}(P_B) - \int_{P}^{P_B} v(P')dP' \tag{8.40}$$

となる．D から F までの区間 III では再び通常の積分に戻り

8.2 ファンデルワールス状態方程式と気相—液相平衡

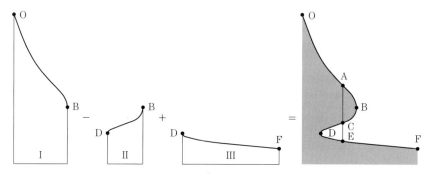

図 8.7 $v(P)$ の積分と面積の関係

$$\mu^{\mathrm{III}}(P) = \mu^{\mathrm{II}}(P_D) + \int_{P_D}^{P} v(P')dP' \tag{8.41}$$

となる。I〜III の区間の積分と図の面積の関係を**図 8.7** に示す。

このようにして求めた $\mu(P)$ と $v(P)$ の対応を示すと**図 8.8** のようになる。$\mu(P)$ の最大の特徴は状態の変化に伴ってループを描く点であり、区間 I では圧力の増加に伴って増加し、区間 II では状態 B において進む方向を反転して減少し、区間 III では状態 D において再び反転して増加をしている。また区間 I の線と区間 III の線は P_A において交差する。区間 I の P_A よりも低い圧力のところは気体の状態に対応し、区間 III の P_A よりも高い圧力のところは液体の状態に対応している。圧力 P_A においてそれらの状態の化学ポテンシャルが等しくなるということは、その圧力において二つの相が平衡状態として共存することを意味している。

ここで、先ほどの積分の模式図を使ってマクスウェルの規則を説明しよう。区間 I から区間 III の面積を**図 8.9** のようにさらに細かく分ける。これを用いると、$\mu^{\mathrm{I}}(P_A)$ および $\mu^{\mathrm{III}}(P_A)$ は以下のように書くことができる。

$$\mu^{\mathrm{I}}(P_A) = a_1 + b_1 + c_1 + d_1,$$

$$\mu^{\mathrm{III}}(P_A) = (a_2 + b_2 + c_2 + d_2 + e_2 + f_2 + g_2) - (c_3 + d_3 + f_3 + g_3) + d_4$$

ここで $\mu^{\mathrm{I}}(P_A)$ と $\mu^{\mathrm{III}}(P_A)$ が等しいことを用い、さらに面積の等しいところを消去していくと、最終的に以下の式が得られる。

$$c_1 = e_2 \tag{8.42}$$

150   8. 相　平　衡

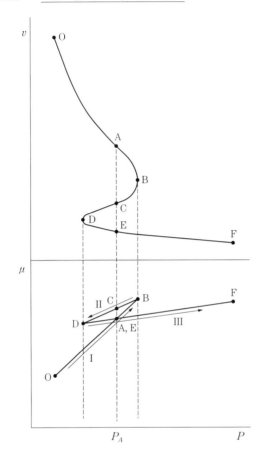

図 8.8 ファンデルワールス流体の相変化と化学ポテンシャル

これは，最初で述べたマクスウェルの規則そのものである。

8.3　多成分系の相平衡

多成分系の相平衡を考える場合，化学ポテンシャルでは直感的にわかりにくいため，モル分率や組成で置き換えて考えることが多い。例えば，A ⇌ B のような化学平衡が成り立っている系では，成分の数 $c = 2$，相の数 $p = 1$ であるが，平衡式から A の組成 x_A と B の組成 x_B の関係式が成立するために自由度がさらに一つ減って $f = 2 - 1 + 2 - 1 = 2$ である。すなわち温度と圧力は

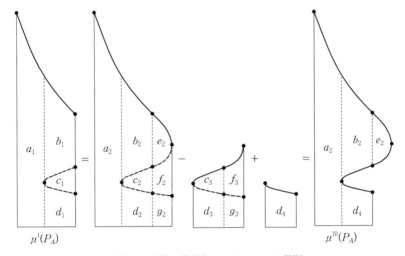

図 8.9 $v(P)$ の積分とマクスウェルの規則

自由に変えることができるが，成分の化学ポテンシャル，すなわち生成物の濃度は T と P によって従属的に決められる。圧力と温度が一定の条件において

$$\mu_i(T, P) = \mu_i^0(T) + RT \ln \frac{x_i P}{P_0} \tag{8.43}$$

であり，化学ポテンシャルと組成（モル分率）は 1 対 1 の対応をしている[†]。

二成分系の合金の場合，圧力一定（多くの場合 1 気圧）の条件で系の状態を温度と組成の平面上に表す，**二元状態図**がよく用いられる。例えば，銅とニッケルの合金系では，**図 8.10** に示すような二元状態図を示す。

L の領域は，2 種類の金属が完全に混合した合金の液体状態である。S の領域は銅とニッケルの合金の固体状態であるが，組成比の銅とニッケルの原子がランダムに面心立方構造の原子配置を占めた**固溶体**と呼ばれる結晶構造をとっている。全組成範囲において固溶体になるような合金を**全率固溶体**と呼び，成分の純粋状態の結晶構造が同じで，かつ格子定数がそれほど大きく離れていない合金系においてよく見られる。

固体と液体が共存している状態において先ほどのギブスの相律を考えると，

[†] 式 (8.43) は 9.3 節で導出する。

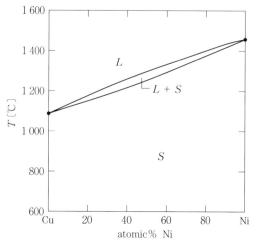

図 8.10　Cu-Ni 合金状態図[†]

成分の数 $c = 2$, 相の数 $p = 2$ であるから自由度 $f = 2 - 2 + 2 = 2$ であるが, 圧力一定の条件を使っているため自由度はさらに減って 1 となる。すなわち温度を決めると各成分の化学ポテンシャルは従属的に一つに決まることになる。$L + S$ は合金の液相と固相の二相が平衡にあるが, 化学ポテンシャルが等しくなる濃度が固相と液相で異なるため, T-x 平面上では共存線ではなく幅をもった共存領域として表される。

共存領域では, 温度を定めるとその温度に対して水平に引いた線と共存領域の境界の交点から共存相の組成が求められるが, 以下のように考えることによりそれぞれの相の量（モル数）を知ることができる。図 8.11 に示すように A-B 二元系に対して, B のモル分率 x_B の合金を共存温度に維持したときを考えよう。合金全体で n モルのとき, 液相のモル数を n^L, 固相のモル数を n^S とすると

$$n = n^L + n^S \tag{8.44}$$

[†] 横軸の atomic% Ni は, 合金の全原子数（この場合は銅とニッケルそれぞれの原子数を加えたもの）に対するニッケル原子数の比を% で表したものであることを意味するもので, 左端は純銅（銅が 100%）, 右端は純ニッケル（ニッケルが 100%）, 真ん中の 50% の組成では銅とニッケルの原子数が等しいことを表している。なお, 横軸の数値を 1/100 にすれば 5 章で述べたモル分率と同じ意味になる。

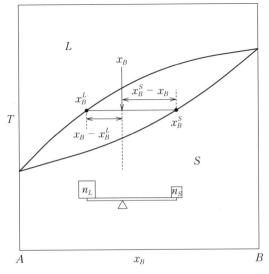

図8.11 て こ の 原 理

である．両辺に x_B を掛けると

$$nx_B = n_B = n^L x_B + n^S x_B \tag{8.45}$$

である．一方，液相のBのモル分率を x_B^L，固相のBのモル分率を x_B^S とすると，これらの間には以下の関係が成り立つ．

$$nx_B = n_B = n^L x_B^L + n^S x_B^S \tag{8.46}$$

これらの式の右辺同士が等しいから

$$n^L(x_B^L - x_B) = n^S(x_B - x_B^S) \tag{8.47}$$

となる．これは元の組成から領域の境界までの距離に反比例して相のモル数が決まることを示しており，状態図における"てこの原理"と呼ばれている．

もう一つの例として，われわれに身近な合金であるスズ―鉛合金，すなわち電子部品のはんだ付けに使用する合金の状態図を考えよう．**図8.12** に示すように，スズと鉛を混合することにより，それぞれの成分が純粋なときよりも融点が低下し，ある温度と組成で液体状態として最も温度の低い点（**共晶点**，eutectic point）が現れる．このような合金系を**共晶系**と呼ぶ．共晶点以下の温度では合金は固体になるが，スズと鉛で異なる結晶構造をとるため，全組成範

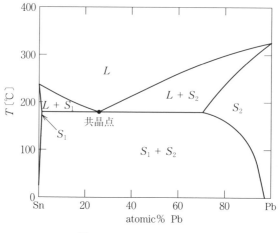

図 8.12 Sn-Pb 合金状態図

囲において固溶体をつくることはできず，それぞれの結晶構造をもった組成の異なる二つの固溶体が析出する。共晶点では二つの異なる固相と液相が平衡になるため，組成 $c = 2$，相の数 $p = 3$ より自由度を計算すると $f = 2 - 3 + 2 = 1$ となるが，圧力を 1 気圧としているため自由度は一つ減って $f = 0$ となる。

8.4 準安定と過冷却

ある温度 T と圧力 P において，系がある平衡状態であったとする。準静的に T や P をゆっくりと変化させていったとき，T や P 以外の熱力学量（例えば組成や密度など）を大きく変化させることでより低い自由エネルギーの状態を実現できるとき，系は自発的により自由エネルギーの低い状態へ変化する。

図 8.8 から熱力学的に許されない状態を除いたものを図 8.13 に示す。気相の状態から非常にゆっくりと圧力を高くしていくと，系の状態を表す点は μ-P 図上の気相の化学ポテンシャルを表す線上を，点 O から点 A まで移動する。気相と液相が共存する間（V-P 図上の点 A から点 E）はその場にとどまり，完全に液体になったところで，気相よりも低い化学ポテンシャル（1 成分系なので自由エネルギーと等価）を示す液相の化学ポテンシャルの線上に移り，点

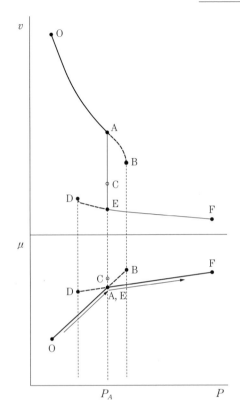

図 8.13 ファンデルワールス状態方程式の準安定状態

Eから点Fまで移動する。これが平衡状態を維持した相転移における状態の変化である。

図 8.13 において，点Aから点Bの間と点Dから点Eの間の状態は，体積を小さくすると圧力が高くなるため熱力学的にはあり得る（許される）状態であるが，その一方でより低い自由エネルギーの状態が存在する。このような状態を**準安定状態**と呼ぶ。点Oから圧力を上げていったとき，単一の気相のままで点Aを通り過ぎ，点Aから点Bの変化の過程を進むことがある。これを**過飽和蒸気圧の状態**もしくは単に**過飽和の状態**と呼ぶ。過飽和の状態は比較的長時間維持することができるが，物理的な衝撃や系の中の異物などをきっかけにして，本来の平衡状態である気体と液体の二相共存状態に変化する。同様にして，液体の点Fの液体の状態から圧力を下げていくと，点Eを通り過ぎて

点 E から点 D までの過程を進むことがある．このとき，系の圧力は平衡状態の液相の圧力よりも低くなることから**負圧の状態**と呼ぶ．

図 8.2 の水の自由エネルギーの温度依存性について，準安定状態も含めて表すと**図 8.14**のようになる．なお，これは，各相の自由エネルギーを準安定状態までなめらかに外挿したものであり，あくまで模式的な図である．液体の水である状態 O から平衡状態をつねに維持するように冷却していくと，融点よりも高温では状態を表す点は液体の自由エネルギー曲線に沿って左側（低温側）に移動し，融点の点 A において液相と固相を共存させ，融点以下の温度では固体の自由エネルギー曲線に沿ってさらに低温側に移動する．しかしながら，先ほどの過飽和のときと同様に，液相のまま融点（点 A）を超えてさらに低い温度の液相状態（点 B）まで冷却される場合がある．このように融点以下まで冷却された液体を**過冷却液体**という．過冷却液体よりも低い自由エネルギーをもつ固相があるため，物理的な衝撃や不純物，その物質の小さな結晶（種結晶）が存在すると容易に点 A まで戻り，本来の固相と液相の共存状態を経て安定な固相へと相転移する．

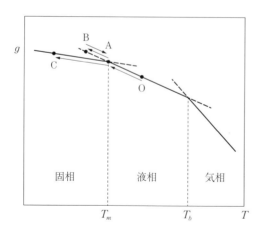

図 8.14 水の自由エネルギーの温度依存性と準安定状態

この過冷却を含む凝固の過程について，温度と時間の関係を表すと**図 8.15**のようになる．なお，ここでは外界の温度を一定の割合（例えば 5 K/min など）で下げながら系の温度を測定しているとする．過冷却液体から固相（固

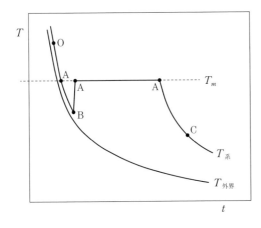

図 8.15 固体―液体の相転移と冷却曲線

相―液相共存状態）への変化は不可逆の変化であるため，一度凝固が始まると急速に凝固熱を発生させて融点まで温度上昇する。水のような純物質の場合，融点は一つに定まっているので，外界の温度がさらに低くなっても凝固の間（固相と液相が共存している間）は温度が一定に保たれる。系全体が固相になるとそれ以上潜熱が発生しないため，外界の温度に追いつくように系の温度は急速に低下する。過冷却液体から固相が生じる際に潜熱が瞬間的に放出される。金属のような融点の高い物質では，その際の潜熱の放出が赤外線や可視光として観測されること（**リカレッセンス**）がある。

過冷却の液体や過飽和の気体をつくるためには，相変化の起こるきっかけとなる事象をできるだけ少なくすればよいといわれている。例えば，ガラス瓶のような非常にきれいでなめらかな容器に水を入れてゆっくり冷やすと，過冷却の水を比較的簡単につくることができる。

ここで紹介する**古典核形成理論**[13)]は過冷却や過飽和のような準安定状態の出現を説明する方法の一つである。相変化の初期には均一な相（過冷却や過飽和）の中に新たな相（平衡相）が小さな粒として出現し，それが全体に広がっていくと考えてよいであろう。相 α から相 β の相変化を考え，**図 8.16** に示すように，過冷却（もしくは過飽和）の均一相 α の中に直径 r の球形をした小さな相 β が現れたとしよう。このときの系の自由エネルギーの変化量 Δg は球

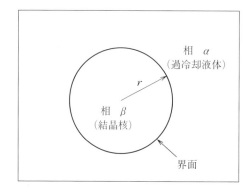

図 8.16 過冷却液体中の結晶核

状の相 β の寄与のみを考慮すればよいので、以下のように書くことができる。

$$\Delta g = \frac{4\pi r^3}{3}\Delta g_{\alpha\beta} + 4\pi r^2 \sigma_{\alpha\beta} \tag{8.48}$$

ここで、$\Delta g_{\alpha\beta}$ は相 α から相 β へ変化することによる単位体積当りの自由エネルギーの変化量である。また $\sigma_{\alpha\beta}$ は**界面自由エネルギー**と呼ばれる量であり、相 α と相 β の界面があるときにその単位面積当りの自由エネルギーの大きさである。

一般に液体の表面には表面張力が働くため、表面積を増加させるには(表面張力)×(面積の増加量) の仕事を系に対してする必要がある。すなわち液体の表面（液体と気体の界面）には表面積に比例したエネルギーが蓄えられているということができる。このエネルギーを**表面エネルギー**と呼び、そこからエントロピー × 温度を差し引いたものを**表面自由エネルギー**と呼ぶ。この表面自由エネルギーの増加量を小さくして系の自由エネルギーを最小にするため、空中の水滴は表面積が最も小さくなる球状へ自発的に変化する。固体と液体の界面についても同様に界面自由エネルギーが存在し、界面が存在することにより系の自由エネルギーは増加する。

図 8.16 に示すように、過冷却液体の中に小さな球状の結晶（結晶核）が析出したと考えよう。$g_{液相} > g_{固相}$ であるから式 (8.48) の $\Delta g_{\alpha\beta} = g_{固相} - g_{液相} < 0$ であり、また、先ほどの議論から $\sigma_{\alpha\beta} > 0$ である。そこで、横軸に結晶核の直径 r をとり、縦軸に Δg をとって式 (8.48) のグラフを書くと、**図 8.17** に示すよ

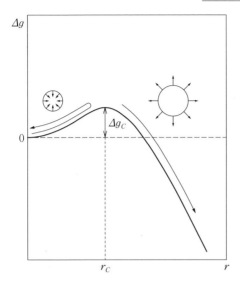

図 8.17 結晶核の自由エネルギー曲線

うな極大をもつ関数が得られる。この極大の結晶核の半径を r_C とし，自由エネルギーを Δg_C とすると，それらは $(\partial \Delta g/\partial r)_{r=r_C}=0$ から以下のように表される。

$$r_C = \frac{2\sigma_{\alpha\beta}}{\Delta g_{\alpha\beta}} \tag{8.49}$$

$$\Delta g_C = \frac{4\pi}{3} r_C^2 \sigma_{\alpha\beta} = \frac{16\pi \sigma_{\alpha\beta}^3}{3\Delta g_{\alpha\beta}^2} \tag{8.50}$$

結晶核が発生したとき，系の自由エネルギーは一時的に増加するが，半径が r_C よりも大きな結晶核の場合，半径の増加とともに系全体の自由エネルギーは減るため，結晶核の半径は自発的に大きくなる。一方，半径が r_C よりも小さな結晶核の場合，半径を減少させたほうが全体の自由エネルギーを減らすことができるため，系は自発的に結晶核を消失させて均一な過冷却液体に戻ろうとする。すなわち，固相と液相の界面自由エネルギーの効果により過冷却の液相（α）から平衡相である固相（β）に変化する際の自由エネルギーの障壁のようなものが形成され，その結果として過冷却液体から固相への相変化が抑制されることになる。なお，固相に相変化するか，過冷却液体に戻るかを決めているのが結晶核の半径であることから，r_C を結晶核の**臨界核半径**と呼ぶ。

ここで，過冷度 $\Delta T = T - T_m$ と r_C, Δg_C の関係を調べてみよう。過冷度 ΔT があまり大きくないとき，図8.14に見られるように相 α と相 β の自由エネルギーの差 $\Delta g_{\alpha\beta}$ は，ΔT に比例すると考えてよいであろう。界面張力 σ が温度によらないと仮定すると，臨界核半径 r_C は $1/(\Delta T)$ に反比例し，$\Delta g_{\alpha\beta}$ は $1/(\Delta T)^2$ に比例する。すなわち ΔT が大きくなるほど過冷却から固相へと変化しやすくなる。たとえるならば，ΔT が小さなうちは遠くにある高い山を越えないと固体に変化できないが，ΔT が大きくなればなるほど山は近く低くなり，それを超えやすくなる。これまでのさまざまな実験から，r_C の大きさは多くの物質で1 nm程度であることが示されている。この大きさの結晶の粒をつくるための分子の数を求めると，約100～1 000個程度である。このような小さな系に対して熱力学を適用する際には注意が必要であるが，この古典核形成理論により，過冷却という現象を非常によく説明することができる。

章 末 問 題

(8.1) ファンデルワールスの還元状態方程式が P-V-T 空間で表す曲面について，立体模型をつくりなさい。また，全微分を用いた状態量の計算の可否について議論しなさい。

(8.2) きれいに洗浄したペットボトルに蒸留水を入れてゆっくりと氷点下まで冷やすと，過冷却の水ができるといわれている。実際に実験をして確かめなさい。

(8.3) ファンデルワールス状態方程式に従う流体について，$U(T, V)$, $S(T, V)$, $F(T, V)$ を求めなさい。また基本方程式 $S(U, V)$ を求めなさい。

(8.4) 標準状態における炭素の安定相はグラファイトであり，ダイヤモンドは安定相ではない。グラファイトからダイヤモンドへ相転移させるにはどのような環境（圧力，温度）を準備すればよいか，自由エネルギーを基に推測しなさい。また，地球上ではどのような場所でダイヤモンドが生成するのか考えなさい。

9 化学平衡

この章では，化学反応と熱力学の関係について解説する。すでに高校の化学においてヘスの法則，平衡定数，ルシャトリエの原理といった内容が解説されているが，それらはエンタルピーや自由エネルギーといった熱力学量に基づいている。最終的にそれらを用いて金属の酸化や還元について考えよう。

9.1 キルヒホッフの法則

発熱や吸熱を伴う化学反応について，以下のような熱化学方程式を用いて表すことができる。例えば，1気圧25℃において，気体状態の水素1モルと気体状態の酸素1/2モルから気体状態の水1モルが生成する反応は発熱反応であり，242 kJ の熱を発生する。その熱化学方程式は2章で示したように以下のようになる。

$$H_2(g) + \frac{1}{2} O_2(g) = H_2O(g) + 242 \text{ kJ} \tag{9.1}$$

また，1気圧25℃において気体の窒素1/2モルと気体の酸素1/2モルから一酸化窒素1モルが生成する反応は吸熱反応であり，90.3 kJ の熱を吸収する。その熱化学方程式は以下のようになる。

$$\frac{1}{2} N_2(g) + \frac{1}{2} O_2(g) = NO(g) - 90.3 \text{ kJ} \tag{9.2}$$

ここで化学式の後の (g) は気体の状態であることを表す（(l) は液体を，(s) は固体を表す。他に，本書では出て来ないが，(c) で結晶を表す場合がある）。化

学反応に伴い発生（または吸収）する熱はすべて**反応熱**といってよいが，酸素との反応熱を**燃焼熱**，元素単体からある物質が生成する反応熱を**生成熱**と呼ぶ。また，厳密には化学反応ではないが，多量の溶媒に溶質が解けるときに発生する熱を**溶解熱**，酸と塩基が中和するときの熱を**中和熱**と呼ぶ。

これらの熱は多くの場合，25℃（0℃の場合もあるが）1気圧の条件で考えている。われわれは室温1気圧の環境で生活しており，われわれの直面する多くの化学反応はその環境で起こるためである。1気圧の状態を特別に**標準状態**と呼び，標準状態の生成熱を**標準生成熱**という。

熱は本来，熱力学の状態量ではないが，圧力一定の条件を用いると熱を状態量の一つであるエンタルピーで置き換えることができる。状態量であれば，最初の状態と最後の状態が決まればいろいろな量を計算で求めることができる。まず，先ほどの H_2O の生成反応に対する熱化学方程式について，エンタルピーを使って書き直すと，以下のようになる。

$$H_2(g) + \frac{1}{2}O_2(g) = H_2O(g), \quad \Delta H^0(298\,\text{K}) = -242\,\text{kJ} \tag{9.3}$$

エンタルピー変化の右上の添字の0は標準状態（1気圧）であることを表している。この ΔH は反応前と反応後のエンタルピーの差であり，それぞれの物質の1モル当りのエンタルピーを用いて

$$\Delta H^0(298\,\text{K}) = H^0_{298\,\text{K}}(H_2O) - \left(H^0_{298\,\text{K}}(H_2) + \frac{1}{2}H^0_{298\,\text{K}}(O_2)\right) \tag{9.4}$$

となる。これを図に示すと**図 9.1**のようになる。

エンタルピーは物質のもつエネルギーについて考える量である。熱化学方程式の反応熱が物質から外界に放出されたエネルギー（熱）を考えるのに対して，エンタルピーは物質のもっているエネルギー（熱）を考えており，両者で符合が逆転することに注意すべきである。すなわち，発熱反応の場合，反応のエンタルピー変化は負の値になる。なお，熱力学ではエンタルピーの絶対値を求めることはできず，その相対的な差のみを考える。

反応のエンタルピー変化を用いると，反応熱が既知の反応を手掛かりにして

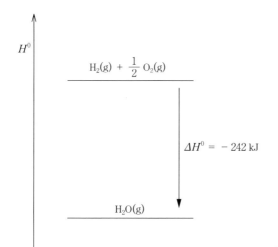

図 9.1 反応のエンタルピー変化

反応熱が未知の反応について考えることができる。これを**ヘスの法則**という。例えば，以下のようなアセトンの生成反応を考える。

$$3H_2 + 3C + \frac{1}{2}O_2 = CH_3COCH_3 \tag{9.5}$$

この反応について 25℃における反応のエンタルピー変化 ΔH^0 を求めよう。これを直接実験で求めるのは非常に困難であるが，いくつかの物質の燃焼のエンタルピー変化（燃焼熱）ΔH_C を基に計算で求めことができる。なお，燃焼のエンタルピー変化は，その物質を燃焼（酸素と反応）させたときの熱であり，実験から求めやすい量である。この計算に必要な燃焼反応と燃焼の ΔH_C は以下のようになる。

$$CH_3COCH_3(l) + 4O_2(g) = 3H_2O(l) + 3CO_2(g),$$
$$\Delta H_C^{①} = -1\,790\,\text{kJ} \quad ①$$

$$H_2(g) + \frac{1}{2}O_2(g) = H_2O(l), \quad \Delta H_C^{②} = -286\,\text{kJ} \quad ②$$

$$C(s) + O_2(g) = CO_2, \quad \Delta H_C^{③} = -394\,\text{kJ} \quad ③$$

② × 3 + ③ × 3 − ①を計算すると以下のようになる。

$$3H_2 + 3C + \frac{1}{2}O_2 + 4O_2 = CH_3COCH_3 + 4O_2,$$

$$\Delta H^0(298\ \mathrm{K}) = -250\ \mathrm{kJ} \quad (9.6)$$

これらの反応を図に示すと**図9.2**のようになる．

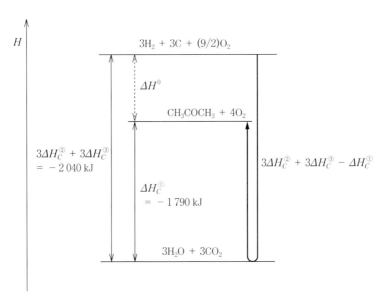

図9.2 ヘスの法則による生成熱の求め方

熱力学の状態量は，初期状態と最終状態の量がわかっていれば，それらの差から状態間の変化量を求めることができる．言い換えれば，最初と最後だけ一致していれば，途中はどんな状態を経由していても目的の量を求めることができる．上の計算では，直接求めにくい生成エンタルピーについて燃焼反応を経由して間接的に求めたことになる．なお，反応式の両辺にある $4O_2$ は反応に関与していないため，エンタルピーの大小とは無関係である．1気圧において，ある化合物を単体の物質から生成するときの反応のエンタルピーを**標準生成エンタルピー**と呼び，ΔH_f^0 で表す．

ある温度における標準生成エンタルピーと比熱や相転移のエンタルピーがわかっているとき，異なる温度における標準生成エンタルピーを求めることがで

9.1 キルヒホッフの法則

きる。これを**キルヒホッフの法則**という。例えば，先ほどの反応について 120℃のときの標準生成エンタルピーを求めてみよう。1 気圧 120℃の水素，炭素，酸素を始状態，120℃のアセトンを終状態としたとき，120℃における反応のエンタルピーは，以下の経路のエンタルピーがわかれば計算で求められる。

① 1 気圧において，3 モルの H_2，3 モルの C，0.5 モルの O_2 を 120℃（393 K）から 25℃（298 K）に変化させたときのエンタルピー $\Delta H^{①}$

② 25℃において 1 モルのアセトン（液体）を生成したときの生成エンタルピー $\Delta H^{②}$

③ 1 モルのアセトン（液体）を沸点（56.5℃）まで加熱したときのエンタルピー $\Delta H^{③}$

④ 沸点において 1 モルのアセトン（液体）を気体に変えるためのエンタルピー $\Delta H^{④}$

⑤ 1 モルのアセトンについて，56.5℃から 120℃まで加熱したときのエンタルピー $\Delta H^{⑤}$

この中で，$\Delta H^{②}$ については先ほど計算した $\Delta H_f^0(298\,\text{K}) = -250\,\text{kJ}$ であるが，それ以外のエンタルピーについては，新たに計算する必要がある。まず $\Delta H^{①}$ については，圧力一定で温度を変化させたときの熱を考えればよいので，酸素，水素，炭素の定圧モル比熱が温度の関数として得られれば，それを積分することで求めることができる。したがって

$$\Delta H^{①} = \int_{393\,\text{K}}^{298\,\text{K}} \left\{ 3C_P^{H_2(g)}(T) + 3C_P^{C(s)}(T) + \frac{1}{2}C_P^{O_2(g)}(T) \right\} dT \tag{9.7}$$

となる。また $\Delta H^{③}$ は，液体のアセトンの定圧モル比熱を用いて

$$\Delta H^{③} = \int_{298\,\text{K}}^{329.5\,\text{K}} C_P^{CH_3COCH_3(l)}(T) dT \tag{9.8}$$

である。$\Delta H^{④}$ はアセトンの蒸発熱であるから

$$\Delta H^{④} = \Delta H_V \tag{9.9}$$

であり，$\Delta H^{⑤}$ は気体のアセトンの定圧モル比熱を用いて

$$\Delta H^{⑤} = \int_{329.5\,\text{K}}^{393\,\text{K}} C_P^{CH_3COCH_3(l)}(T) dT \tag{9.10}$$

となる。

　これらの具体的な計算をするためには，それぞれの物質の定圧モル比熱や相変化のエンタルピー（蒸発熱や融解熱）を知る必要がある。室温付近の気体の比熱を簡易に得るには，単原子理想気体の比熱を直線分子や多原子分子に拡張したものを用いることができる。単原子理想気体の内部エネルギーおよび比熱は，1章の議論から以下のように表された。

$$U = \frac{3}{2}nRT = \frac{3}{2}Nk_BT \tag{9.11}$$

$$C_V = \frac{3}{2}R \tag{9.12}$$

$$C_P = C_V + R = \frac{5}{2}R \tag{9.13}$$

Nは系の分子数であり，k_Bはボルツマン定数（R/N_A）である。ここで，1分子当りの平均の内部エネルギーを考えると

$$\frac{U}{N} = \frac{3}{2}k_BT = 3 \times \frac{1}{2}k_BT \tag{9.14}$$

となるが，これは見方を変えれば三つある1分子の運動の自由度（x方向，y方向，z方向の並進運動の自由度）に対して，それぞれ$k_BT/2$のエネルギーが割り当てられたと考えることができる。このような考え方を**エネルギー等分配の法則**という。このエネルギー等分配の法則では，二酸化炭素や酸素のような直線分子に対しては三つの並進運動の自由度に二つの回転の自由度が加えられ，1分子の運動の自由度としては5になる。また，メタンのような非直線分子については回転の自由度をさらに一つ加え，1分子の運動の自由度は6になる。その結果，内部エネルギーと定圧比熱は

・直 線 分 子

$$U = \frac{5}{2}nRT = \frac{5}{2}Nk_BT \tag{9.15}$$

$$C_V = \frac{5}{2}R \tag{9.16}$$

$$C_P = C_V + R = \frac{7}{2}R \tag{9.17}$$

・非直線分子

$$U = \frac{6}{2}nRT = \frac{6}{2}Nk_BT \tag{9.18}$$

$$C_V = 3R \tag{9.19}$$

$$C_P = C_V + R = 4R \tag{9.20}$$

となる。なお，高温になると回転の自由度に加えて原子の振動の自由度が現れるため，これらの値からずれてくるので注意が必要である。

より複雑な形状の分子や液体・固体の比熱に関しては，上記のような簡易的な計算が難しいので実際に測定する必要がある。例えば，熱量計を用いて測定したアセトンの定圧モル比熱は図9.3のようになる。なお，図中のb.p.は沸点（boiling point）を示している。

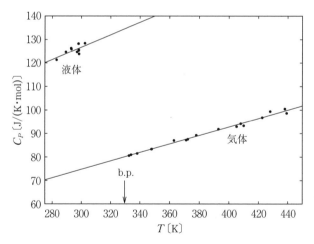

図9.3　アセトンの定圧比熱

その実験点について，最小二乗法を用いて温度の1次式として表すと

$$C_P^{\mathrm{CH_3COCH_3(l)}}(T/[\mathrm{K}]) = 47.30 + 0.265\, T/[\mathrm{K}] \tag{9.21}$$

$$C_P^{\mathrm{CH_3COCH_3(g)}}(T/[\mathrm{K}]) = 20.79 + 0.180\, T/[\mathrm{K}] \tag{9.22}$$

となる。なお，式の中で温度を[K]で割って$T/[\mathrm{K}]$としたのは，温度の単位と

してケルビン[K]を用いることを意味している（より厳密にいえば，T を単位の温度（1 K）で割って無次元の量にしてから，計算式に代入することを意味している）。このような式を実験式（または経験式）と呼ぶ。これを積分すると $\Delta H^{③}$ と $\Delta H^{⑤}$ が以下のように得られる。

$$\Delta H^{③} = 4.108 \text{ kJ} \tag{9.23}$$

$$\Delta H^{⑤} = 5.449 \text{ kJ} \tag{9.24}$$

材料工学で使用するような物質の比熱はすでに測定されており，そのデータが数式や数表の形でまとめられている。上記の反応で使用した水素，炭素，酸素の定圧モル比熱（1気圧）は，例えば以下のような式として与えられている。

$$C_P(T/[\text{K}]) = a + b\,T/[\text{K}] + c(T/[\text{K}])^{-2} \tag{9.25}$$

ここで，a, b, c は実験値をよく表すように決めた定数である。いくつかの代表的な物質について，定数 a, b, c を**表 9.1** にまとめる。

表 9.1 定圧モル比熱 C_P [J/(K·mol)]

物 質 名	a	b	c
$H_2(g)$	27.3	3.3×10^{-3}	0.50×10^5
$O_2(g)$	30.0	4.2×10^{-3}	-1.7×10^5
$CO_2(g)$	44.14	9.04×10^{-3}	-8.54×10^5
C(グラファイト)	16.9	4.77×10^{-3}	-8.54×10^5
$H_2O(g)$	30.0	10.7×10^{-3}	0.33×10^5
$N_2(g)$	27.9	4.27×10^{-3}	0
$NH_3(g)$	29.7	25.1×10^{-3}	-1.55×10^5

これを用いると，$\Delta H^{①}$ は

$$\begin{aligned}
\Delta H^{①} &= \int_{393\,\text{K}}^{298\,\text{K}} \{(3 \times 27.3 + 3 \times 16.9 + 0.5 \times 30.0) \\
&\quad + (3 \times 3.3 + 3 \times 4.77 + 0.5 \times 4.2) \times 10^{-3} \times T/[\text{K}] \\
&\quad + (3 \times 0.50 - 3 \times 8.54 - 0.5 \times 1.7) \times 10^5 \times (T/[\text{K}])^{-2}\} dT \\
&= \left[147.6T + 1.315 \times 10^{-2} T^2 + 2.497 \times 10^6/T\right]_{393}^{298} \\
&= -12.86 \text{ [kJ]} \tag{9.26}
\end{aligned}$$

となる。蒸発熱や融解熱は最も基本的な物性の一つであり，多くの物質につい

て数表の形でまとめられている。アセトンの蒸発熱については 29 kJ/mol であるから

$$\Delta H^{④} = 29 \text{ kJ} \tag{9.27}$$

である。

これらをまとめると，120℃におけるアセトンの標準生成エンタルピーは

$$\Delta H_f^0(393 \text{ K})$$
$$= \Delta H^{①} + \Delta H_f^0(298 \text{ K}) + \Delta H^{③} + \Delta H^{④} + \Delta H^{⑤}$$
$$= -12.86 \text{ kJ} - 250 \text{ kJ} + 4.108 \text{ kJ} + 29 \text{ kJ} + 5.449 \text{ kJ}$$
$$= -224 \text{ [kJ]} \tag{9.28}$$

と求められる。

9.2 標準生成ギブス自由エネルギー

可逆過程におけるエントロピーの微小変化は，その定義から以下のようになる。

$$dS = \frac{\delta Q}{T}$$

ここで，圧力一定の条件を用いて，さらに $(\partial T)_P$ を分子と分母に掛けると

$$(\partial S)_P = \frac{(\delta Q)_P (\partial T)_P}{T(\partial T)_P} = \frac{1}{T} \frac{(\delta Q)_P}{(\partial T)_P} (\partial T)_P \tag{9.29}$$

となるが，右辺は定圧比熱 C_P を用いて書き直すことができるので

$$(\partial S)_P = \frac{C_P}{T} (\partial T)_P \tag{9.30}$$

となる。圧力一定の条件において，ある物質の温度を T_A から T_B まで変化させたときのエントロピーの変化量 ΔS は，上式を積分することによって得られ

$$S(P, T_B) - S(P, T_A) = (\Delta S)_P = \int_{T_A}^{T_B} \frac{C_P(T)}{T} dT \tag{9.31}$$

となる。ここで，$P = P^0 (= 1 \text{ atm})$，$T_A = 0 \text{ K}$，$T_B = T$ と置き換えると，標準状態（1気圧）における任意の温度のエントロピーの式になる。

$$S(P^0, T) = S(P^0, 0) + \int_0^T \frac{C_P(T)}{T} dT \tag{9.32}$$

熱力学第三法則では，絶対零度における純物質の完全結晶について，そのエントロピーをゼロと定めている[7]。したがって，標準状態において絶対零度（に近い低温）からの定圧比熱を温度の関数として得られれば，純物質の任意の温度におけるエントロピーの絶対値を以下のようにして求めることができる。

$$S^0(T) = \int_0^T \frac{C_P(T)}{T} dT \tag{9.33}$$

このようにして求めたエントロピー S^0 を**標準エントロピー**と呼ぶ。0 K から温度 T [K] までの間に，融点 T_m や沸点 T_b などの相転移点がある場合には，融解のエントロピー $\Delta S_m = \Delta H_m / T_m$ や蒸発のエントロピー $\Delta S_b = \Delta H_b / T_b$ を上式に加えて以下のようにして求めればよい。

$$\begin{aligned} S^0(T) = & \int_0^{T_m} \frac{C_P^S(T)}{T} dT + \frac{\Delta H_m}{T_m} + \int_{T_m}^{T_b} \frac{C_P^L(T)}{T} dT + \frac{\Delta H_b}{T_b} \\ & + \int_{T_b}^T \frac{C_P^G(T)}{T} dT \end{aligned} \tag{9.34}$$

なお，比熱の右上の添字は物質の状態（S：固体，L：液体，G：気体）を表している。

内部エネルギーやエンタルピーなどとは異なり，エントロピーは熱力学第三法則があることによりその物質の絶対値を決めることができるが，これを言い換えれば，H_2O と CO_2 のように異なる物質のエントロピーの絶対値を直接比較して，その大小を決めることができる。例えば，以下のように水素と酸素が反応して水が生成するとき

$$H_2 + \frac{1}{2} O_2 = H_2O$$

反応のエントロピー変化は，左辺の物質のエントロピーから右辺の物質のエントロピーを引き算することで求められ

$$\Delta S^0 = S_{H_2O}^0 - \left(S_{H_2}^0 + \frac{1}{2} S_{O_2}^0 \right) \tag{9.35}$$

となる。特に，標準状態において純物質からある物質1モルをつくるときのエ

ントロピー変化を**標準生成エントロピー**と呼び，ΔS_f^0で表す．反応に関わる物質の定圧モル比熱が温度の関数としてわかっていれば，任意の温度の標準生成エントロピーを求めることができる．

標準状態（1気圧）において，着目する物質1モルが純物質から生成するのに要するギブス自由エネルギーを**標準生成ギブス自由エネルギー**と呼び，ΔG_f^0で表す．ΔG_f^0は，以下に示すようにエンタルピー項とエントロピー項の和で書かれる．

$$\Delta G_f^0 = \Delta H_f^0 - T\Delta S_f^0 \tag{9.36}$$

ΔH_f^0は標準生成エンタルピーであり，反応熱や比熱の実験データを基にヘスの法則やキルヒホッフの法則を用いて求めることができる．また，ΔS_f^0は標準生成エントロピーであり，反応に関係する物質の標準エントロピーから求めることができる．われわれの身の回りにある多くの物質については，これらの量はすでに調べられており，データベース[31]としていろいろなところにまとめられている．なお，標準状態で安定な単体の純物質の標準生成エンタルピーを0とする点に注意しよう．

材料工学，特に冶金学で用いるような金属や酸化物は，考える温度範囲が広いためギブス自由エネルギーを温度の関数として与える場合もある．

$$\Delta G^0(T) = A + BT\log T + CT \tag{9.37}$$

なお，元となる実験データや温度の関数のとり方に違いがあるため，それらのデータすべてについて整合性がとれているとはかぎらない．そのデータが有効な温度範囲などに注意すべきである．

9.3 理想気体の化学ポテンシャル

化学反応が関わるような平衡を議論する際には，温度を一定とした条件における理想気体の化学ポテンシャルの式を使用するので，まずその式を導出しておこう．温度一定の条件（$dT = 0$）におけるギブス自由エネルギーの変化量は以下のように書くことができる．

$$dG = VdP \tag{9.38}$$

ここに理想気体の状態方程式を代入すると

$$dG = \frac{nRT}{P}dP \tag{9.39}$$

となり，これを P_1 から P_2 まで積分すると以下の式が得られる。

$$\Delta G = G_2 - G_1 = nRT\ln\frac{P_2}{P_1} \tag{9.40}$$

ここで両辺をモル数 n で割ると左辺が $\Delta G/n$ となるが，純粋系（1成分系）の場合にはこれが化学ポテンシャルの変化量と等しくなるから

$$\Delta\mu = RT\ln\frac{P_2}{P_1} \tag{9.41}$$

となる。

　化学反応は，多くの場合，1気圧の条件において行われる。そのため，1気圧の状態を基準の状態とし，それを9.1節で述べたとおり標準状態と呼ぶ。一般的に標準状態を表す記号の添字として右上に0を付加する。上式を一般化するために P_1 を標準状態の圧力 P^0（=1気圧）とし，$P_2 = P$ と置き直す。また標準状態における化学ポテンシャルを μ^0 とすると

$$\mu(T, P) = \mu^0(T) + RT\ln\frac{P}{P^0} \tag{9.42}$$

となる。なお，μ^0 は温度に依存する定数であることを明示するために $\mu^0(T)$ とした。

　つぎに，混合系における各成分の化学ポテンシャルを求めよう。図 **9.4** のように，温度と圧力を一定にした容器に成分Aと成分Bの2種類の理想気体を分けて入れ，つづいて両者の隔壁を取り除いて混合する場合を考える。

　混合する前（状態1）の系全体のギブス自由エネルギーは，純粋状態の成分Aと成分Bの自由エネルギーの和で書かれるので

$$G_{混合前} = G_A + G_B = n_A\left(\mu_A^0 + RT\ln\frac{P}{P^0}\right) + n_B\left(\mu_B^0 + RT\ln\frac{P}{P^0}\right) \tag{9.43}$$

9.3 理想気体の化学ポテンシャル

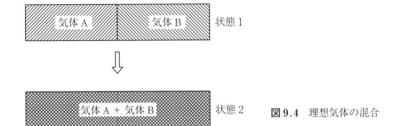

図 9.4 理想気体の混合

となる。

つぎに混合後（状態 2）の自由エネルギーを求めよう。混合による自由エネルギーの変化量 ΔG_{mix} は，温度と圧力が一定の場合，以下のように書かれる。

$$\Delta G_{mix} = \Delta(U_{mix} - TS_{mix} + PV_{mix}) = \Delta U_{mix} - T\Delta S_{mix} + P\Delta V_{mix} \tag{9.44}$$

ここで，自由エネルギー，内部エネルギー，エントロピーおよび体積は示量性の量であるため，系を構成する成分に対する量の和として表されるが，物質の特性により単純な加成性からずれる場合がある。$\Delta G_{mix}, \Delta U_{mix}, \Delta S_{mix}, \Delta V_{mix}$ は，混合したことによる加成性からのずれの大きさである。理想気体の混合系の場合，分子間の相互作用がないため内部エネルギーや体積は単純な加成性が成り立ち

$$\Delta U_{mix} = 0 \tag{9.45}$$

$$\Delta V_{mix} = 0 \tag{9.46}$$

である。また，混合によるエントロピーの変化は 5 章で述べたように

$$\Delta S_{mix} = -R(n_A \ln x_A + n_B \ln x_B)$$

であるから，混合の自由エルギーは

$$\Delta G_{mix} = RT(n_A \ln x_A + n_B \ln x_B) \tag{9.47}$$

となる。したがって，混合後の系全体の自由エネルギーは

$$\begin{aligned}
G_{混合後} &= G_A + G_A + \Delta G_{mix} \\
&= n_A \left(\mu_A^0(T) + RT \ln \frac{P}{P^0}\right) + n_B \left(\mu_B^0(T) + RT \ln \frac{P}{P^0}\right) \\
&\quad + RT(n_A \ln x_A + n_B \ln x_B)
\end{aligned} \tag{9.48}$$

となる。

したがって成分Aの化学ポテンシャルは，式(9.48)を成分Aのモル数 n_A で偏微分すれば得られるので

$$\mu_A = \left(\frac{\partial G}{\partial n_A}\right)_{T,P,n_B} = \mu_A^0(T) + RT\ln\frac{P}{P^0} + RT\ln x_A \tag{9.49}$$

となる。なお，ここでは

$$n_A\left(\frac{\partial \ln x_A}{\partial n_A}\right)_{n_B} + n_B\left(\frac{\partial \ln x_B}{\partial n_A}\right)_{n_B} = 0 \tag{9.50}$$

であることを使用した。成分Aの分圧を $P_A = Px_A$ とすると，成分Aの化学ポテンシャルは

$$\mu_A(T,P) = \mu_A^0(T) + RT\ln\frac{P_A}{P^0} \tag{9.51}$$

となる。同様にして成分Bの化学ポテンシャルは

$$\mu_B(T,P) = \mu_B^0(T) + RT\ln\frac{P_B}{P^0} \tag{9.52}$$

である。

9.4　化学平衡と平衡定数

　原料となる物質から化学反応を利用して目的の物質をつくることを**化学合成**と呼ぶ。例えば窒素と水素を原料としたアンモニア合成などがそれに当たる。このような合成は，気相，液相，固相のすべてにおいて行われるが，ここでは気相における化学反応について説明する。また，話を簡単にするために化学反応に関わる分子の気体は理想気体とみなせるものとする。

　化学反応の系が入れられている容器を**反応容器**と呼ぼう。反応容器の温度と圧力は一定に保たれていると仮定する。反応容器の中で起きている化学反応を一般化して以下のように表す。

$$a\mathrm{A} + b\mathrm{B} = y\mathrm{Y} + z\mathrm{Z} \tag{9.53}$$

ここで，A, Bは原料となる物質の化学式であり，Y, Zは合成される物質の化学

式である。また a, b, y, z はこの反応に関与する物質のモル比を表しており，**化学量論係数**と呼ばれている。また，この反応式の左辺を**反応系**（または原系）と呼び，右辺を**生成系**と呼ぶ。ここで**反応の進行度**として ξ（グザイ）を定義しよう。まず，反応系の物質であるAとBについて実際に化学反応を起こしたモル数をそれぞれ n_A, n_B とし，その結果生成したYとZのモル数を n_Y, n_Z とする。これらをそれぞれの化学量論係数で割ったものはすべて等しくなる。これを用いて反応の進行度 ξ を以下のように定義する。

$$\frac{n_A}{a} = \frac{n_B}{b} = \frac{n_Y}{y} = \frac{n_Z}{z} \equiv \xi \tag{9.54}$$

反応開始直後は $\xi = 0$ であり，化学量論係数と同じモル数の反応（1単位分の反応）が進行したときに $\xi = 1$ となる。また反応物や生成物のモル数の微小変化に対しては

$$\frac{dn_A}{a} = \frac{dn_B}{b} = \frac{dn_Y}{y} = \frac{dn_Z}{z} = d\xi \tag{9.55}$$

となる。右向きの生成反応と左向きの分解反応は同時に起こっているが，温度や圧力を一定に保ったまま長時間が経過すると，それらが釣り合って見かけ上それぞれの物質のモル数が変化しないような状態（$d\xi = 0$）になる。そのような状態を**化学平衡**と呼ぶ。

系が熱平衡であるが化学反応の平衡にはまだ到達していないような状況を考えよう。熱平衡なので各成分の温度（T_A, T_B, T_Y, T_Z）は系全体の温度 T と等しくなっているはずであるから

$$T = T_A = T_B = T_Y = T_Z \tag{9.56}$$

である。一方，圧力の起源は分子が壁に衝突するときの力積の変化であるから，系全体の圧力（全圧）P は，各成分の圧力（分圧）の和である。すなわち

$$P = P_A + P_B + P_Y + P_Z \tag{9.57}$$

である。各成分が理想気体の場合，分圧は系内の成分のモル数（モル分率）に比例する。化学反応の進行に伴って各成分のモル数が変化すれば，その分圧もそれにしたがって変化する。

9. 化 学 平 衡

このような状況における成分の化学ポテンシャルと温度，分圧の関係を求めよう。原料を入れた直後の反応容器の中の自由エネルギー G^{init} は，原料のモル数（n_A^{init} および n_B^{init}）と化学ポテンシャル（μ_A および μ_B）を用いて

$$G^{init} = n_A^{init}\mu_A + n_B^{init}\mu_B \tag{9.58}$$

と書ける。ここから原料 A が n_A モル，B が n_B モル反応し（すなわち反応容器への初期の投入量から減少し），生成物 Y が n_Y モル，Z が n_Z モル生成して平衡状態になったとすると，そのときの自由エネルギー G^{fin} は

$$G^{fin} = (n_A^{init} - n_A)\mu_A + (n_B^{init} - n_B)\mu_B + n_Y\mu_Y + n_Z\mu_Z \tag{9.59}$$

となる。初期状態と平衡状態の自由エネルギーの差は

$$\Delta G = G^{fin} - G^{init} = n_Y\mu_Y + n_Z\mu_Z - (n_A\mu_A + n_B\mu_B) \tag{9.60}$$

である。ここで反応物や生成物のモル数が平衡状態から少しだけ変化したとき，自由エネルギーの変化量は以下のように書くことができる。

$$\begin{aligned}
& (n_Y + dn_Y)\mu_Y + (n_Z + dn_Z)\mu_Z - (n_A + dn_A)\mu_A - (n_B + dn_B)\mu_B \\
&= n_Y\mu_Y + n_Z\mu_Z - (n_A\mu_A + n_B\mu_B) + yd\xi\mu_Y + zd\xi\mu_Z - ad\xi\mu_A - bd\xi\mu_B \\
&= \Delta G + (y\mu_Y + z\mu_Z - a\mu_A - b\mu_B)d\xi \\
&= \Delta G + \left(\frac{\partial \Delta G}{\partial \xi}\right)d\xi
\end{aligned} \tag{9.61}$$

なお，最後の式は ξ の微小変化に対する ΔG の変化量について偏微分係数を用いて表したものである。ここで平衡状態であれば，ΔG は極小値をとっているからその偏微分係数はゼロとなり，したがって

$$\left(\frac{\partial \Delta G}{\partial \xi}\right) = y\mu_Y + z\mu_Z - a\mu_A - b\mu_B = 0 \tag{9.62}$$

が成り立つ。ここで，それぞれの成分については，混合した理想気体の化学ポテンシャルの式が成り立つ。例えば A については

$$a\mu_A = a\left(\mu_A^0 + RT\ln\frac{P_A}{P^0}\right) = ag_A^0 + RT\ln P_A^a \tag{9.63}$$

となる。ここで，$g_A^0 = \mu_A^0$ は成分 A の純粋状態の 1 モル当りの自由エネルギーである。また，式を簡潔に表すため P^0 は単位の圧力（1 気圧）であるとして表記を省略している。

物質 B, Y, Z についても同様にして求め，先ほどの式に代入すると

$$\left(\frac{\partial \Delta G}{\partial \xi}\right) = yg_Y^0 + zg_Z^0 - ag_A^0 - bg_B^0$$
$$+ RT(\ln P_Y^y + \ln P_Z^z - \ln P_A^a - \ln P_B^b)$$
$$= \Delta G^0 + RT \ln \frac{P_Y^y P_Z^z}{P_A^a P_B^b} \tag{9.64}$$

となる。さらに平衡状態では $\partial \Delta G/\partial \xi = 0$ であるから

$$\Delta G^0 = -RT \ln K_P \tag{9.65}$$

$$K_P \equiv \frac{P_Y^y P_Z^z}{P_A^a P_B^b} \tag{9.66}$$

となる。ここで平衡状態の分圧商（自然対数の中の分数）を K_P と表したが，これは圧力と温度のみに依存する定数であり，2.6節で述べたとおり圧平衡定数と呼ばれる。この圧平衡定数は，考えている化学反応の成分比に関わる重要な定数である。また $\Delta G^0 = yg_Y^0 + yg_Z^0 - ag_A^0 - bg_B^0$ は**反応の自由エネルギー変化**と呼ばれる量であり，化学平衡を考える上で最も重要な熱力学量の一つである。K_P が大きな反応ほど生成物の分圧が高い，すなわち生成物の量が多くなる。その定数 K_P が標準状態の純粋成分の熱力学量のみで表されることに注意しよう。各成分の純粋状態についてあらかじめ別の方法で熱力学量を測定しておきさえすれば，そこから化学反応中のたがいに混じり合った状態の成分比が推測できるのである。

理想気体の場合，混合ガス中の分圧とモル濃度 $C_i = n_i/V$ の間には以下の関係が成り立つ。

$$P_i = \frac{n_i RT}{V} = C_i RT \tag{9.67}$$

これを圧平衡定数に代入すると

$$K_P = \frac{(C_Y RT)^y (C_Z RT)^z}{(C_A RT)^a (C_B RT)^b} = (RT)^{(y+z-a-b)} \frac{C_Y^y C_Z^z}{C_A^a C_B^b}$$

となる。ここで，各成分の濃度を [A] のように表し，濃度商を K_C とおくと

$$K_P = (RT)^{(y+z-a-b)} \frac{[Y]^y [Z]^z}{[A]^a [B]^b} = (RT)^{(y+z-a-b)} K_C \tag{9.68}$$

となる。ここで K_C は**濃度平衡定数**と呼ばれる温度のみに依存する定数である。

ここで，これらの化学反応の平衡定数と熱力学量の関係をもう少し詳しく考えてみよう。先ほどの式では，圧平衡定数と標準ギブス自由エネルギー変化との関係が示された。ギブス自由エネルギーの変化は，エンタルピーの変化とエントロピーの変化の両方の寄与を考えなくてはならず，物理的な意味を直観的にとらえるには少々難しい場合がある。そこで，以下に示すギブス・ヘルムホルツの関係（7章の式 (7.70)）を用いてギブス自由エネルギーをエンタルピーに置き換えて考えてみよう。

$$\left\{\frac{\partial}{\partial T}\left(\frac{\Delta G^0}{T}\right)\right\}_P = -\frac{\Delta H^0}{T^2}$$

まず，式 (9.65) を以下のように変形する。

$$\ln K_P = -\frac{\Delta G^0}{RT} \tag{9.69}$$

圧力一定の条件でこの式の両辺を温度で偏微分し，そこにギブス・ヘルムホルツの関係を代入すると

$$\left(\frac{\partial}{\partial T}\ln K_P\right)_P = -\frac{1}{R}\left\{\frac{\partial}{\partial T}\left(\frac{\Delta G^0}{T}\right)\right\}_P = \frac{\Delta H^0}{RT^2} \tag{9.70}$$

となる。これは平衡定数に対する**ファント・ホッフの式**と呼ばれる。$RT^2 > 0$ かつ $y = \ln x$ は単調増加の関数であるから，ΔH^0 の符号と K_P の温度係数の符号は同じものになる。ここで ΔH^0 は標準エンタルピーの変化量であるが，簡単にいえば1気圧下の化学反応の反応熱である。すなわち，考えている反応が発熱反応なのか吸熱反応なのかによって，温度を変えたときの K_P の増減が決まることになる。それをまとめると以下のようになる。

- $\underline{\Delta H^0 > 0\ (吸熱反応)}$ のとき　　K_P の温度係数は正であり，温度が増加すると K_P も増加する。すなわち，反応容器の温度を高くすると平衡が生成反応側に偏り，生成物の分圧や濃度が上昇する。
- $\underline{\Delta H^0 < 0\ (発熱反応)}$ のとき　　K_P の温度係数は負であり，温度が増加すると K_P は減少する。すなわち，反応容器の温度を高くすると平衡が分解反応側に偏り，生成物の分圧や濃度が減少する。

このことから，反応の反応熱が吸熱であるか発熱であるかがわかれば，より多くの生成物を得るために反応温度を高くすればよいのか低くすればよいのかが推測できることになる。実際には，吸熱（$\Delta H^0 > 0$）の化学反応が平衡になっている反応容器に外部から熱を加えて反応温度を上げようとした場合，平衡が生成に偏り吸熱が大きくなるため，結果的に反応容器の温度は上がりにくくなる。一方，発熱（$\Delta H^0 < 0$）の反応に対しては，平衡が分解反応に偏るため，生成反応による発熱が減り（分解反応による吸熱が起こり），反応容器の温度は同じく上がりにくくなる。どちらの場合においても温度の変化を打ち消すような方向に平衡が移動し，外界から与えた変化の影響が小さくなる。圧力や成分濃度の変化に対しても，同様に変化を打ち消すように化学平衡は移動する。このような化学平衡の性質を**ルシャトリエの原理**と呼ぶ。

例として，窒素と水素からアンモニアが生成する以下の反応を考えよう。

$$\frac{1}{2}N_2 + \frac{3}{2}H_2 \rightleftarrows NH_3 \tag{9.71}$$

25℃におけるアンモニアの標準生成ギブス自由エネルギーを求めると，アンモニアの標準生成エンタルピーが $\Delta H^0(298\,\text{K}) = -46.19\,\text{kJ/mol}$ であり，アンモニア，水素，窒素の標準エントロピーから反応のエントロピー変化を求めると

$$\begin{aligned}
\Delta S^0(298\,\text{K}) &= S^0_{NH_3}(298\,\text{K}) - \frac{1}{2}S^0_{N_2}(298\,\text{K}) - \frac{3}{2}S^0_{H_2}(298\,\text{K}) \\
&= 192.5 - \frac{1}{2} \times 191.5 - \frac{3}{2} \times 130.59 \\
&= -99.14\,[\text{J/(K·mol)}]
\end{aligned} \tag{9.72}$$

となる。したがって，アンモニアの標準生成ギブス自由エネルギーは

$$\begin{aligned}
\Delta G^0(298\,\text{K}) &= \Delta H^0(298\,\text{K}) - T\Delta S^0(298\,\text{K}) \\
&= -46190\,\text{J} - 298\,\text{K} \times (-99.14\,\text{J/(K·mol)}) \\
&= -16.64\,[\text{kJ/mol}]
\end{aligned} \tag{9.73}$$

となる。25℃における平衡定数 K_P を求めると

$$K_P = \exp\left(\frac{-\Delta G^0}{RT}\right) = \exp\left(\frac{16\,640 \text{ J/mol}}{8.314 \text{ J/(K·mol)} \times 298 \text{ K}}\right) = e^{6.7}$$
$$= 812.4 \tag{9.74}$$

である。なお，標準状態の圧力を省略しないで書くとこの反応の場合の圧平衡定数は

$$K_P = \frac{P_{\text{NH}_3}/P^0}{(P_{\text{N}_2}/P^0)^{1/2}(P_{\text{H}_2}/P^0)^{3/2}} \tag{9.75}$$

となり，無次元の量である。

この反応は発熱反応（$\Delta H^0 < 0$）であるから，温度を上昇させると平衡は原料側に移動するはずである。そこで，600℃における平衡定数を求めてみよう。異なる温度における標準生成エンタルピーと標準エントロピーは，比熱のデータを基に以下のように計算できる。

$$\Delta C_P(T)$$
$$= C_P^{\text{NH}_3}(T) - \frac{1}{2}C_P^{\text{N}_2}(T) - \frac{3}{2}C_P^{\text{H}_2}(T)$$
$$= \left(29.7 - \frac{1}{2} \times 27.9 - \frac{3}{2} \times 27.3\right) + \left(25.1 - \frac{1}{2} \times 4.27 - \frac{3}{2} \times 3.3\right)$$
$$\times 10^{-3}T + \left(-1.55 - \frac{3}{2} \times 0.5\right) \times 10^5 T^{-2}$$
$$= -25.2 + 18.0 \times 10^{-3}T - 2.3 \times 10^5 T^{-2} \tag{9.76}$$

$$\Delta H^0(873 \text{ K}) = \Delta H^0(298 \text{ K}) + \int_{298\text{ K}}^{873\text{ K}} \Delta C_P(T)dT = -55.12 \text{ [kJ/mol]} \tag{9.77}$$

$$\Delta S^0(873 \text{ K}) = \Delta S^0(298 \text{ K}) + \int_{298\text{ K}}^{873\text{ K}} \frac{\Delta C_P(T)}{T}dT$$
$$= -117.0 \text{ [J/(K·mol)]} \tag{9.78}$$

$$\Delta G^0(873 \text{ K}) = -55\,120 + 873 \times 117.0 = 47.02 \text{ [kJ/mol]} \tag{9.79}$$

$$K_P = \exp\left(\frac{-\Delta G^0}{RT}\right) = \exp\left(\frac{-47.02 \text{ J/mol}}{8.314 \text{ J/(K·mol)} \times 873 \text{ K}}\right) = e^{-6.5}$$
$$= 1.50 \times 10^{-3} \tag{9.80}$$

したがって，温度を数百度上げるだけで反応が原料側に大きく移動し，反応容

器の中のアンモニアの存在比は非常に小さくなることがわかる。

9.5 異相の混在する化学平衡

これまで考えた化学平衡はすべての成分が気相の単一相であったが，われわれが材料を扱う際には，固相—気相や液相—気相といった異なる相が混在する系を考えることが多い。ここでは，気相と純粋な固相（もしくは純粋な液相）からなる多相の化学平衡について考えよう。例えば，炭酸カルシウムをある温度 T に保持したときの分解反応は以下のようになり，これは固相と気相の二相が共存する化学平衡である。

$$CaCO_3(s) \rightleftarrows CaO(s) + CO_2(g) \tag{9.81}$$

このような反応を一般化して，以下のように書こう。

$$n_A A(s) = n_Y Y(s) + n_Z Z(g) \tag{9.82}$$

ここで，成分 A と成分 Y は純粋な固体とし，Z は気体とする。反応の進行による自由エネルギーの変化量 ΔG は化学平衡のときにゼロになるので

$$\Delta G = n_Y \mu_Y + n_Z \mu_Z - n_A \mu_A = 0 \tag{9.83}$$

が成り立つ。ここで，気体の成分 Z について理想気体であると仮定すると

$$\mu_Z = \mu_Z^0 + RT \ln P_Z \tag{9.84}$$

となる。ここで P_Z は成分 Z の分圧である。また標準状態の圧力 P^0 は 1 atm として省略した。

一般に純粋な固相の化学ポテンシャルの圧力依存性は小さいため，成分 A と Y の化学ポテンシャルは標準状態のそれと等しいとおくと

$$\mu_A = \mu_A^0, \quad \mu_Y = \mu_Y^0$$

となる。これらを平衡の条件に代入すると

$$n_Y \mu_Y^0 + n_Z \mu_Z^0 - n_A \mu_A^0 = -n_Z RT \ln P_Z \tag{9.85}$$

左辺は標準ギブス自由エネルギーの変化量 ΔG^0 と等しいから

$$\Delta G^0 = -RT \ln P_Z^{n_Z} \tag{9.86}$$

となる。さらに圧平衡定数と自由エネルギーの関係（$\Delta G^0 = -RT \ln K_p$）から

$$K_P = P_Z^{n_Z} \tag{9.87}$$

である．

本来の平衡定数の定義に戻れば

$$K_p = \frac{P_Y^{n_Y} P_Z^{n_Z}}{P_A^{n_A}} \tag{9.88}$$

であるが，式 (9.87) は，式 (9.88) において固相の成分 Y の気相におけるモル数 n_Y と A の気相におけるモル数 n_A をゼロとしたことと等価である．すなわち，圧平衡定数において気相に存在する成分の分圧だけを考慮すればよいことになる．このような平衡を**解離平衡**と呼び，そのときの気相に存在する成分の分圧を**解離圧**と呼ぶ．

9.6　自由エネルギー温度図

鉱石から金属を生成する精錬では，固体の酸化物と水素や一酸化炭素のような気体との酸化還元反応を利用する．ここでは例として酸化反応により金属の銅と酸素が反応して酸化銅が生成する際の標準生成自由エネルギーについて，その温度依存性も含めて計算してみよう．なお，後のことを考えて，酸化銅 1 モルではなく酸素 1 モルに対する自由エネルギーを求めている．

$$4Cu + O_2 = 2Cu_2O \tag{9.89}$$

計算に必要な比熱のデータおよび標準生成エンタルピー，標準エントロピーを**表 9.2** に示す．これから，反応による系の比熱の変化量 $\Delta C_P(T)$ は

$$\begin{aligned}\Delta C_P(T) &= 2C_P^{CuO_2}(T) - 4C_P^{Cu}(T) - C_P^{O_2}(T) \\ &= 4.28 + 0.018\,28T + 1.7 \times 10^5 T^{-2} \quad [\text{J}/(\text{K}\cdot\text{mol})]\end{aligned} \tag{9.90}$$

である．また，反応によるエンタルピーの変化量とエントロピーの変化量，およびギブス自由エネルギーの変化量は，以下の計算から求められる．

$$\begin{aligned}\Delta H_{298\,\text{K}}^0 &= 2\Delta H_{298\,\text{K}}^{0(Cu_2O)} - 4\Delta H_{298\,\text{K}}^{0(Cu)} - \Delta H_{298\,\text{K}}^{0(O_2)} \\ &= -3.348 \times 10^5 \quad [\text{J/mol}]\end{aligned} \tag{9.91}$$

9.6 自由エネルギー温度図

表 9.2 反応物と生成物の熱力学データ

	$C_P = a + bT + cT^{-2}$ 〔J/(K·mol)〕			$\Delta H^0_{298\,\text{K}}$ 〔kJ/mol〕	$S^0_{298\,\text{K}}$ 〔J/(K·mol)〕
	a	b	c		
Cu	22.6	6.28×10^{-3}	0	0	33.14
Cu$_2$O	62.34	23.8×10^{-3}	0	-167.4	93.09
O$_2$	30.0	4.2×10^{-3}	-1.7×10^5	0	205

$$\Delta H^0(T) = \Delta H^0_{298\,\text{K}} + \int_{298\,\text{K}}^{T} \Delta C_P(T')dT'$$

$$= -3.36 \times 10^5 - 1.70 \times 10^5 \frac{1}{T} + 4.28T$$

$$+ 9.14 \times 10^{-3} T^2 \quad \text{〔J/mol〕} \tag{9.92}$$

$$\Delta S^0_{298\,\text{K}} = 2S^{0(\text{Cu}_2\text{O})}_{298\,\text{K}} - 4S^{0(\text{Cu})}_{298\,\text{K}} - S^{0(\text{O}_2)}_{298\,\text{K}}$$

$$= 186.2 - 132.56 - 205 = 53.6 - 205$$

$$= -151.4 \quad \text{〔J/(K·mol)〕} \tag{9.93}$$

$$\Delta S^0(T) = \Delta S^0_{298\,\text{K}} + \int_{298\,\text{K}}^{T} \frac{\Delta C_P(T')}{T'} dT'$$

$$= -1.80 \times 10^2 - 8.50 \times 10^4 \frac{1}{T^2}$$

$$+ 1.83 \times 10^{-2} T + 4.28 \ln T \quad \text{〔J/(K·mol)〕} \tag{9.94}$$

$$\Delta G^0(T) = \Delta H^0(T) - T\Delta S^0(T)$$

$$= -4.28 T \ln T - 9.16 \times 10^{-3} T^2 + 1.85 \times 10^2 T$$

$$- 8.50 \times 10^4 \frac{1}{T} - 3.36 \times 10^5 \quad \text{〔J/(K·mol)〕} \tag{9.95}$$

温度を横軸に，これらの熱力学量を縦軸にとったグラフを**図 9.5**に示す．

室温付近から 2 000℃くらいまでの範囲において，この反応のエンタルピーおよびエントロピーは温度の変化に対してほぼ一定であり，$\Delta G = \Delta H + T\Delta S$ であることを考えると，ギブス自由エネルギーは温度に対してほぼ直線で変化する．言い換えると，温度の関数として直線で近似したギブス自由エネルギーの傾きがエントロピーであり，$T = 0\,\text{K}$ の切片がエンタルピーに相当する．さらに，（Cu から Cu$_2$O への）凝縮相のエントロピーの変化量が 53.6 J/K である

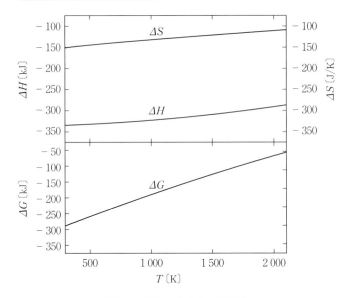

図 9.5 自由エネルギー温度図

のに対して，気相の酸素の消失によるエントロピーの変化量が $-205\,\mathrm{J/K}$ であることから，金属と反応した酸素の消失が反応によるエントロピーの変化量の大きさをほぼ決めており，それが自由エネルギーの温度依存性を決めていることがわかる。この反応のギブス自由エネルギーを温度の1次式として表すと，以下のようになる。

$$4\mathrm{Cu}^{(s)} + \mathrm{O}_2 = 2\mathrm{Cu}_2\mathrm{O}^{(s)},$$

$$\Delta G^0(T) = -333\,000 + 141.26\,T \quad (293 \sim 1\,356\,\mathrm{K}) \tag{9.96}$$

$T = 1\,000\,\mathrm{K}$ における標準自由エネルギーを求めると，この反応では

$$\Delta G^0_{1\,000\,\mathrm{K}} = -191.7\,\mathrm{kJ} \tag{9.97}$$

となる。

このような酸素1モルに対する金属の酸化反応の標準自由エネルギーの大小を比較すると，その金属の酸化しやすさを知ることができる。例えば，銅よりもはるかに酸化しやすい金属であるカルシウムの酸化反応の標準自由エネルギーは

9.6 自由エネルギー温度図

$$2Ca + O_2 = 2CaO, \quad \Delta G^0(T) = -1\,266\,200 + 197.98T \quad (9.98)$$

であり，温度が1000 Kのときの値を求めると

$$\Delta G^0_{1\,000\,\mathrm{K}} = -1\,068.2\,\mathrm{kJ} \quad (9.99)$$

となる。すなわち，反応の標準ギブス自由エネルギーが小さいほど酸化しやすい金属であることがわかる。

このような反応は，気相（酸素）と固相（金属およびその酸化物）が共存する平衡であり，9.5節で説明したようにその平衡定数は気相の酸素分圧だけを考えればよい。反応式が酸素1モルに対する化学式について，その反応のギブス自由エネルギーは以下のように表すことができる。

$$\Delta G^0 = RT \ln P_{O_2} \quad (9.100)$$

ギブス自由エネルギーは熱力学ポテンシャルと呼ばれることがあるが，この場合には酸素分圧に依存するため，$RT \ln P_{O_2}$ を**酸素ポテンシャル**と呼ぶ。

この式を用いて $T = 1000$ K のときの銅の酸化反応の酸素分圧を求めてみよう。先ほどの式に代入すると

$$-333\,000 + 141.26 \times 1\,000 = 8.31 \times 1\,000 \times \ln P_{O_2}$$

$$\therefore \ \ln P_{O_2} = -23.07$$

$$P_{O_2} = 9.6 \times 10^{-11}\,\mathrm{atm} = 9.7 \times 10^{-6}\,\mathrm{Pa} \quad (9.101)$$

となる。これは温度1000 Kにおいて固相（酸化銅および金属銅）と平衡にある雰囲気の酸素分圧が約 10^{-5} Pa であることを意味している。この雰囲気の酸素分圧がこの値よりも低ければ反応は左に偏り酸化銅が還元されて金属銅になり，逆に高ければ銅の酸化が進行して酸化銅が生成する。

雰囲気がアルゴンと酸素の混合気体であると仮定すると，上記の酸素分圧となるときの酸素濃度は約10 ppm（1 ppmは百万分の一）になる。実験用に売られている高純度アルゴンガスの酸素濃度は0.1 ppm以下である。したがって，酸化銅の雰囲気に大量の高純度アルゴンを用い，酸化銅を1000 Kに加熱すれば，酸化銅は還元されて金属銅が得られることになる。同様にしてカルシウムの酸化反応の酸素分圧を求めると

$$\ln P_{O_2} = -128.5$$

$$\therefore \quad P_{O_2} = 1.5 \times 10^{-56} \text{ atm} = 1.5 \times 10^{-51} \text{ Pa} \tag{9.102}$$

となり，酸化しやすい金属ほど酸素分圧の低い雰囲気と平衡になる．なお，この酸素分圧を実現するための酸素濃度は，1モル（約22.4リットル）のアルゴン中に酸素分子が一つあるかどうかといった程度であり，このような高純度のアルゴンは通常の方法ではつくることができない．

これらの反応の標準ギブス自由エネルギーと酸素分圧の関係式について，別の角度から考えてみよう．純粋な酸素1モルを1気圧から膨張させて任意の圧力 P にしたときの自由エネルギー変化を考えると，純酸素を理想気体と仮定して

$$\Delta G = \int_{P^0}^{P} V dP' = \int_{P^0}^{P} \frac{RT}{P} dP' = RT \ln \frac{P}{P^0} = RT \ln P \tag{9.103}$$

であるが，この圧力を先ほどの酸素分圧と同じ大きさ（$P = P_{O_2}$）にすれば，式 (9.100) の右辺と同じになる．すなわち，酸素ポテンシャルは，標準状態の酸素を平衡の酸素分圧まで膨張させたときの自由エネルギー変化と等しくなっている．

縦軸に酸化反応の標準ギブス自由エネルギー（もしくは酸素ポテンシャル）をとり，横軸に温度をとった図を**自由エネルギー温度図**（または，**エリンガムダイアグラム**）といい，**図9.6**に示す．自由エネルギー温度図では，酸素1モルと各金属元素の酸化反応の標準自由エネルギーが，温度の1次式として表される．自由エネルギー線図を用いると，ある温度における金属酸化物の標準自由エネルギーの大小（すなわち金属の酸化のしやすさ）を，図上で視覚的に把握することができる．

まずこの図を使用して，CuO_2 の生成反応が平衡にあるときの雰囲気の酸素分圧を求めてみよう．わかりやすくするために，説明に使用する線のみを記した図を**図9.7**に示す．温度の1次式として表した酸素ポテンシャルは，原点（$T = 0$, $\Delta G^0 = 0$）を通り，傾きが $R \ln P_{O_2}$ の直線となる．自由エネルギー線図の左には $T = 0$ となる軸（①）が書かれており，$\Delta G = 0$ のところに原点を示す点 O（②）が記されている．また，右側には，酸素ポテンシャルを温度の

9.6 自由エネルギー温度図

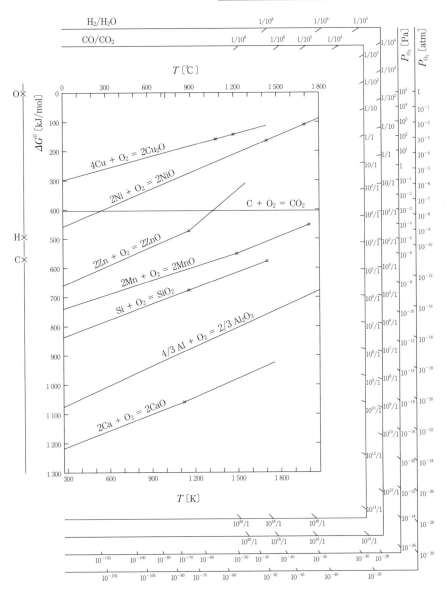

図 9.6 自由エネルギー温度図（エリンガムダイアグラム）

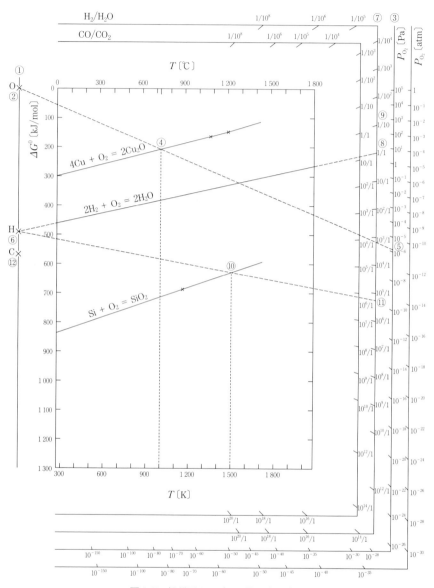

図 9.7 解離圧や H_2/H_2O 比の求め方

1次式として表したときの傾きに対応した酸素分圧の目盛り（③）が書かれている。Cu_2O の $\Delta G^0(1\,000\,K)$ の点（④）と原点 O を結んだ直線を延長し，酸素分圧の目盛りとの交点（⑤）の値を読むと $P_{O_2} = 9 \times 10^{-11}$ atm となる。先ほどの計算では，9.6×10^{-11} atm であったから，目盛りを読むだけで（計算をすることなしに），平衡となる雰囲気の酸素分圧のおおよその値を知ることができたことになる。

この自由エネルギー線図を用いると，水素ガスを用いて金属酸化物を還元する場合の条件についても考えることができる。水素2モルと酸素1モルが反応して水1モルが生成するときの化学反応は，以下のようになる。

$$2H_2^{(g)} + O_2^{(g)} = 2H_2O^{(g)},$$
$$\Delta G^0_{H_2O}(T) = -491\,652 + 109.6T = b + aT \tag{9.104}$$

この反応の平衡定数 K_P は以下のようになり

$$K_p = \frac{P^2_{H_2O}}{P^2_{H_2} P_{O_2}} \tag{9.105}$$

またこの反応のギブス自由エネルギーは

$$\Delta G^0_{H_2O}(T) = -RT \ln \frac{P^2_{H_2O}}{P^2_{H_2} P_{O_2}} \tag{9.106}$$

と表される。

これをつぎのように変形しよう。

$$RT \ln P_{O_2} = \Delta G^0_{H_2O}(T) - RT \ln \frac{P^2_{H_2}}{P^2_{H_2O}} \tag{9.107}$$

さらに $\Delta G^0_{H_2O}$ が温度の1次式であるから

$$RT \ln P_{O_2} = b + \left(a - R \ln \frac{P^2_{H_2}}{P^2_{H_2O}}\right)T \tag{9.108}$$

となり，この反応の酸素ポテンシャルは，切片が $\Delta G^0_{H_2O}(0)$ で傾きが水素と水の分圧比で決まる直線群として表される。この場合の $\Delta G^0_{H_2O}(0)$ は，水素2モルと酸素1モルが反応して2モルの水ができる反応の標準生成エンタルピーと等しく，その値は約 $-492\,kJ$ である。この水素の標準生成エンタルピーを示す点 H が自由エネルギー線図の右にある $T = 0\,K$ の軸に記されている。また右

側には点 H（⑥）を切片とする直線の傾きに対応する H_2/H_2O の分圧比（濃度比）の目盛り（⑦）がふられている。

例えば，水素と水の分圧比が 1 : 1 のときを考えると

$$RT \ln P_{O_2} = b + \left(a - R\ln\frac{P_{H_2}^2}{P_{H_2O}^2}\right)T = b + \left(a - R\ln\frac{1}{1}\right)T = b + aT \tag{9.109}$$

となり，式 (9.104) で示された水の生成自由エネルギーの温度依存性と一致し，その直線を延長した先（⑧）が $H_2/H_2O = 1$ になる。また，水素と水の分圧比が 1 : 10 であるとき

$$RT \ln P_{O_2} = b + \left(a - R\ln\frac{1^2}{10^2}\right)T = b + (a + 38.3)T \tag{9.110}$$

となり，H_2/H_2O の分圧比の分だけ温度に対する傾きが変化し，その延長した先（⑨）が $H_2/H_2O = 1/10$ の目盛りになる。

ここで，この H_2/H_2O の分圧比の目盛りを用いて温度 1 500 K において，水素ガスを用いて酸化ケイ素をシリコンに還元する際の雰囲気条件を求めてみよう。シリコンの酸化反応の化学式と標準自由エネルギーは以下のようになる。

$$Si + O_2 = SiO_2, \quad \Delta G^0_{SiO_2} = -902\,100 + 174T \tag{9.111}$$

これをつぎの水の生成反応（$2H_2 + O_2 = 2H_2O$，$\Delta G^0_{H_2O} = -491\,652 + 109.6T$）から差し引くと，還元反応の自由エネルギーは

$$SiO_2 + 2H_2 = Si + 2H_2O,$$
$$\Delta G^0 = \Delta G^0_{H_2O} - \Delta G^0_{SiO_2} = 410\,448 - 64.4T \tag{9.112}$$

となる。固相があるときの平衡定数は気相の分圧だけを考えればよいから，上記の還元反応の平衡定数は

$$K_p = \frac{P_{H_2O}^2}{P_{H_2}^2} \tag{9.113}$$

である。したがって，自由エネルギーは温度と水素，および水（水蒸気）の分圧を変数として

$$\Delta G^0 = -RT \ln K_P = RT \ln \frac{P_{H_2}^2}{P_{H_2O}^2} \tag{9.114}$$

と書くことができる。ここで，この反応の温度が $T = 1\,500$ K であるとき，$\Delta G_0 = 313\,848$ J であり，これを上式に代入して分圧比を求めると

$$\ln \frac{P_{H_2}}{P_{H_2O}} = 12.59$$

$$\therefore \quad \frac{P_{H_2}}{P_{H_2O}} = 2.9 \times 10^5 \tag{9.115}$$

となる。

この H_2/H_2O の比であるが，自由エネルギー線図上では，Si の酸化反応の $\Delta G^0_{SiO_2}(1\,500\,K)$ の点（⑩）と点 H を結ぶ直線を延長して H_2/H_2O 比の軸との交点（⑪）を求めたときの値と等しくなっている。これは，$T = 1\,500$ K における SiO_2 の生成反応の酸素ポテンシャルと同じ温度における水の生成反応の酸素ポテンシャルが等しく，さらにその酸素ポテンシャルとなるときの平衡定数から，H_2/H_2O の分圧比が得られることを意味している。また，H_2/H_2O 比から，SiO_2 を還元するための水素ガスの純度を求めると，

$$\left(1 - \frac{P_{H_2O}}{P_{H_2}}\right) \times 100 \approx 99.999\,6\,\%$$

となり，この還元反応には非常に高純度の水素を要することがわかる。同様にして，自由エネルギー線図に載っている金属酸化物を水素ガスで還元する際に，必要な水素ガスの純度を推測することができる。

一酸化炭素と酸素から二酸化炭素が生成する反応 $2CO + O_2 = 2CO_2$ を考えると，一酸化炭素で金属酸化物を還元する際の雰囲気の条件を，水の生成反応と同様にして自由エネルギー温度図から求めることができる。CO_2 の生成反応の原点が $T = 0$ の軸に点 C として記されている。水の場合の点 H を点 C（⑫）に置き換えれば，一酸化炭素による還元反応になる。

章 末 問 題

(9.1) 自動車などのエンジンの熱効率を上げるには燃焼温度を上げることが効果的であるが，NOx の生成のために温度をあまり上げることができない。その理

由について，自由エネルギーや平衡定数を用いて説明しなさい。

(9.2) 白紙の上に定規などを使用して自由エネルギー線図の軸や目盛りを書きなさい。

(9.3) 自由エネルギー線図に酸化銀の自由エネルギーを書き入れなさい。また，その結果を基に，大気中で酸化銀を加熱すると金属銀と酸素に分解する理由を述べなさい。なお，必要な物性値については各自が文献などで調査すること。

(9.4) 酸化銅紛と炭素紛を混ぜて大気中で加熱すると金属銅が得られる理由について，自由エネルギー線図を基に説明しなさい。

(9.5) テルミット反応で金属の鉄が得られる理由について，自由エネルギー線図を用いて説明しなさい。

(9.6) 鉄鉱石から銅をつくる高炉の中で起きている反応を調べ，それらの反応の自由エネルギーを自由エネルギー線図の上に記入しなさい。

(9.7) 炭素を用いて二酸化ケイ素（水晶）を還元してケイ素単体を取り出すには何度まで加熱すればよいか，自由エネルギー線図から推定しなさい。

10 溶液

　本書の最後に，溶液について解説する。複数の分子や原子が混じり合うことで，新たにさまざまな特徴や性質をもった物質がつくられる。この混じり合った状態の熱力学量を直接求めることは非常に難しいが，平衡状態における熱力学量（特に化学ポテンシャル）を考えると，溶液の熱力学量を構成成分の純粋状態の量で置き換えることができる。沸点上昇，凝固点降下，浸透圧などはその点において共通性をもっている。また，融解した合金は複数の金属元素を混ぜた溶液とみなすことができる。8章において示した合金の相図について，本章では溶液のモデルと自由エネルギー曲線を基に説明する。

10.1　非理想気体の化学ポテンシャル

　純物質の自由エネルギーや化学ポテンシャルを考えたとき，理想気体に対して温度一定の条件の下で$dG = VdP$を積分して以下の式を導出した。

$$\mu = \mu^0 + RT \ln \frac{P}{P^0}$$

ところで，われわれが接する一般的な気体の場合は必ずしも理想気体に従うわけではなく，場合によってはその影響を考えなくてはならない。例えば純物質ではあるが，分子間に若干の引力が働いていて理想気体の状態方程式には従わないような気体を考えてみよう。そのような気体では，分子がたがいに引き合い，壁に衝突する際の力積を小さくするため理想気体よりも小さな圧力を示すと考えてよいであろう。8章で述べたファンデルワールス状態方程式では，この分子間の引力の寄与は$-an^2/V^2$であったが，それを一般化して状態方程式

を以下のように仮定してみよう．

$$P = \frac{nRT}{V} - A(n, T, V)$$

ここで A は物質固有の定数である．これを V について解いて積分し，さらに1モル当りの自由エネルギー（すなわち化学ポテンシャル）に直すと以下のようになる．

$$\mu = \mu^0 + RT \ln \frac{P}{P^0} + B(T, P)$$

熱力学では，理想気体から外れた影響をある変数に集めておいてその変数の有効値として扱うことがよく行われる．自由エネルギーや化学ポテンシャルの場合，それらの影響を圧力に集め，有効圧力として考慮する．

$$\mu = \mu^0 + RT \ln \frac{f}{P^0} \tag{10.1}$$

ここで f は**有効圧力**であり，**逃散能**と呼ばれる．

10.2 溶液の化学ポテンシャル

溶液とは複数の成分が混在した液体のことであり，主な成分を**溶媒**，添加した成分を**溶質**と呼ぶ．水を溶媒として食塩などを溶かしたものを**水溶液**といい，水以外の溶媒を用いた溶液を**非水溶液**という．合金についても温度を上げて溶融状態にすれば溶液の一種とみなすことができる．

溶液にかぎらず液体の状態の物質では，固体に近い密度で原子が密集しており，かつ結晶のような規則的な原子配置をとらないため，理想気体のように簡単に計算できるような状態方程式得ることはほぼ不可能である．統計力学を用いればいくつかの仮定の下で状態方程式を立てることができるが，原子間のポテンシャル関数や原子配置のモデルが必要となり，溶液の熱力学量を直接計算することはきわめて困難であるといえる．

熱力学は，いわば 10^{23} 個の原子の振舞いをどの角度から眺めるかということなので，直接計算できないような量であっても視点を変えれば別の量から求

めることができる場合がある。溶液については，**溶液**（solution）と平衡状態にある**蒸気**（vapor）に着目し，蒸気の熱力学量から溶液の熱力学量を推測する。溶液と蒸気の両方に含まれる成分 i について，平衡であれば化学ポテンシャルは等しくなるので

$$\mu_{i,\,Soln} = \mu_{i,\,Vap} \tag{10.2}$$

が成り立つ。ある温度における蒸気中の成分 i の化学ポテンシャルについて，理想気体を仮定すると

$$\mu_{i,\,Vap} = \mu_{i,\,Vap}^0 + RT \ln \frac{P_{i,\,Vap}}{P^0} \tag{10.3}$$

である。したがって，平衡の条件を適用すると

$$\mu_{i,\,Soln} = \mu_{i,\,Vap}^0 + RT \ln \frac{P_{i,\,Vap}}{P^0} \tag{10.4}$$

ここで，図 10.1 のように，溶液とは別に成分 i の純粋状態の**気相**（gas）と**液相**（liquid）を準備して，それを気体―液体の二相の平衡状態にすると

$$\mu_{i,\,Liq}^* = \mu_{i,\,Gas}^0 + RT \ln \frac{P_{i,\,Gas}^*}{P^0} \tag{10.5}$$

が成り立つ。なお，右肩の＊印は純粋状態の熱力学量であることを意味している。これらの式を引き算すると

$$\mu_{i,\,Soln} = \mu_{i,\,Liq}^* + RT \ln \frac{P_{i,\,Vap}}{P_{i,\,Gas}^*} \tag{10.6}$$

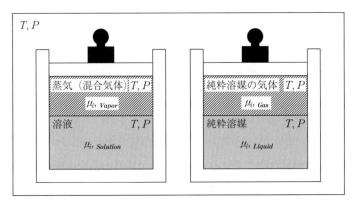

図 10.1 溶液の化学ポテンシャルと純溶媒の化学ポテンシャル

となる。なお，$\mu_{i,Vap}^0$ と $\mu_{i,Gas}^0$ は共に成分 i の標準状態（1気圧）の化学ポテンシャルであり，両者は等しい。したがって，ある温度における溶液の中の成分 i の化学ポテンシャルは，その温度の純粋状態の液体の化学ポテンシャルと純粋状態の蒸気圧に加えて，溶液と平衡にある気相の成分 i の分圧がわかれば求めることができる。

10.3 ラウール則とヘンリー則

ある溶液の濃度と気相の蒸気圧の関係を考えよう。話を簡単にするために成分Aと成分Bの二成分系とし，成分Aを溶媒，成分Bを溶質とする。溶液と平衡にある気相（蒸気）の圧力を P とし，各成分の分圧をそれぞれ P_A, P_B とすると，以下の式が成り立つ。

$$P = P_A + P_B \tag{10.7}$$

各成分の蒸気の源は溶液であり，溶液の中の成分の量が多ければ蒸気圧も高くなると考えてよいであろう。特に溶液のほぼ100％が溶媒Bであるとき，すなわち成分Bのモル分率 x_B がほぼ1であるとき，蒸気圧のほとんどはBの分圧が占めることになり，全体の蒸気圧は純粋なBの蒸気圧 P_B^* とほぼ同じになるはずである。つぎに，溶液中の溶媒Bのモル分率 x_B を減らして（溶質Aのモル分率 x_A を増やして）いくことを考える。x_B が1よりも小さくなると溶質Aの分圧 P_A が大きくなって相対的に P_B が小さくなるが，x_B が1にごく近い範囲では，**図10.2**に示すように，P_B はBのモル分率 x_B に比例して小さくなると考えてよいであろう。そのときの P_B を以下のように表そう。

$$P_B = x_B P_B^* \tag{10.8}$$

これは，溶液中の溶媒のモル分率 x_B，溶液と平衡にある蒸気中の成分Bの分圧 P_B とBの純粋状態の蒸気圧 P_B^* を用いた式であり，これで液相と気相をつなぐ式を一つつくれたことになる。この式は溶質の濃度の低い希薄な溶液においてよく成り立つ式であり，**ラウール則**と呼ばれている。これを先ほどの溶液の化学ポテンシャルの式に代入すると

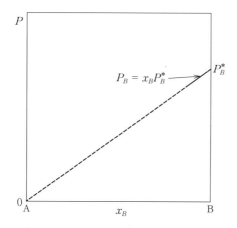

図 10.2　ラウール則

$$\mu_{B,Soln} = \mu_{B,Liq}^* + RT\ln\frac{P_B}{P_B^*} = \mu_{B,Liq}^* + RT\ln\frac{x_B P_B^*}{P_B^*} = \mu_{B,Liq}^* + RT\ln x_B \tag{10.9}$$

が得られる．ラウール則は気相の量である蒸気圧が含まれていたが，上の式はすべて溶液（および純粋な溶媒）の量で書かれている点に注意しよう．つまり，蒸気を理想気体の混合気体とみなすことで，理想気体の性質をうまく利用して蒸気の量を溶液の量にすり替えたことになる．x_B は 1 より小さな数であり，右辺の第 2 項はマイナスの値になるので，溶質を添加した溶媒の化学ポテンシャルは純粋状態の化学ポテンシャルよりも小さな値となることがわかる．ラウール則は希薄な溶液についてのみ使用できるが，いくつかの特殊な溶液系では全組成範囲においてこれが成り立つ．そのような溶液を**理想溶液**と呼んでいる．

つづいて，溶質について考えよう．図 10.3 に示すように，B のモル分率 x_B がゼロにごく近い辺りでは成分 B は溶質となる．そこでは，x_B が増えるに従い B の分圧 P_B も増加するであろう．そこで，溶質としての B の分圧 P_B も x_B に比例すると仮定すると，以下のような式をつくることができる．

$$P_B = x_B K_B \tag{10.10}$$

このような関係が成り立つことを**ヘンリー則**と呼んでいる．ここで，K_B は溶

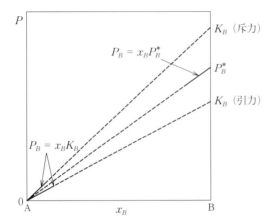

図10.3 ヘンリー則

媒と溶質の組合せで決まる圧力の単位をもった定数であり，ヘンリー定数と呼ばれている。理想溶液ではヘンリー定数 K_B は純粋状態の溶質の蒸気圧と一致する。通常の溶液ではヘンリー定数は溶液と溶媒の種類によって決まる定数であり，溶媒と溶質の分子の間に引力が働くような溶液では $K_B < P_B^*$ であり，逆に斥力が働くような系では $K_B > P_B^*$ となる。これを用いると十分希薄な溶液の溶質の化学ポテンシャルは以下のように表される。

$$\mu_{B,Soln} = \mu_{B,Liq}^* + RT\ln\frac{P_B}{P_B^*} = \mu_{B,Liq}^* + RT\ln\frac{x_B K_B}{P_B^*} \tag{10.11}$$

なお，化学ポテンシャルの基準の選び方には任意性があり，上記の式では溶質の純粋状態を基準にとっている。この他にも無限に希薄な溶液を基準とする場合などがある。

希薄な溶液に対する溶媒と溶質に関する式は得られたが，中間の組成についてはどのように考えるべきだろうか。A-B 二成分系について，横軸に溶質のモル分率 x_B をとり，縦軸に成分 B の分圧をとると，一般的な溶液に対しては図10.4 のようなグラフになる。グラフの右端の組成の溶液については，成分 B のモル分率がほぼ 1 であるため B が溶媒である。したがって，成分 B の分圧はラウール則に従い，組成の変化に伴って B の純粋状態の蒸気圧と原点を結ぶ線に沿って変化する。一方，左端の組成の溶液では，溶液の主成分は A

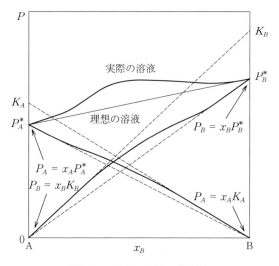

図 10.4 実際の溶液の蒸気圧

であり，成分 B は溶質である．したがって，成分 A の分圧はヘンリー則に従い，組成の変化に伴ってヘンリー定数と原点を結んだ線に沿って変化する．中間的な組成における分圧は，ラウール則とヘンリー則をなめらかにつなぐように変化する．成分 A の分圧については，上記の A と B を入れ替えることで同様にして求めることができる．また蒸気の全圧は A と B の分圧の和で得られる．A-B 間に斥力が働くような溶液系について，分圧，全圧と組成の関係も同じ図 10.4 に示されている．

このような実際の溶液でも，分圧の違いを熱力学量として扱うためには，非理想気体の取扱いと同様に，理想溶液（ラウール則）からのずれをひとまず分圧のところにまとめてしまうと都合がよい．そこで，以下の量を新たに定義する．

$$a_A = \frac{P_A}{P_A^*} \tag{10.12}$$

これは，実験で求めた成分 A の実際の分圧 P_A と純粋状態の A の蒸気圧 P_A^* の比をとったものである．この a_A を成分 A の**活量**と呼ぶ．これを用いると化学ポテンシャルは以下のように書かれる．

$$\mu_{A,Soln} = \mu_{A,Liq}^* + RT\ln\frac{P_A}{P_A^*} = \mu_{A,Liq}^* + RT\ln a_A \tag{10.13}$$

理想溶液における化学ポテンシャルの式と比較すると，活量 a_A は溶液中の成分 A の有効モル分率に相当する量になっていることがわかる。別の書き方として化学ポテンシャルとモル分率の関係を明示したいときには，下記のように活量係数の形で考慮すればよい。

$$a_A = \gamma_A x_A \tag{10.14}$$

すると化学ポテンシャルは以下のように書き直される。

$$\mu_{A,Soln} = \mu_{A,Liq}^* + RT\ln\gamma_A x_A \tag{10.15}$$

10.4 沸点上昇と凝固点降下

2.4 節のラウール則の説明にあったように，純粋な液体に他の成分を混ぜるとその液体の蒸気圧は低くなるため，その液体を沸騰させるためには純粋な液体の沸点よりも高温にする必要がある。これは **沸点上昇** と呼ばれている。先ほどの溶液の化学ポテンシャルを用いて，この沸点上昇の大きさを見積もってみよう。例えば水に食塩を加えるように，成分 A の純粋な液体に不揮発性の成分 B を溶質として加えることを考える。このとき，気相の成分は A のみである。平衡であれば蒸気と溶液の両相における成分 A の化学ポテンシャルは等しくなるので

$$\mu_{A,Gas}^* = \mu_{A,Soln} \tag{10.16}$$

が成り立つ。溶液が希薄であるとしてラウール則を用いると溶液の成分 A の化学ポテンシャルは

$$\mu_{A,Soln} = \mu_{A,Liq}^* + RT\ln x_A \tag{10.17}$$

となる。したがって，これらの式から

$$RT\ln x_A = \mu_{A,Gas}^* - \mu_{A,Liq}^* \tag{10.18}$$

が得られる。

右辺は，純粋な A の気相と液相の化学ポテンシャルの差であるので，純粋

なAの1モル当りの蒸発（液相→気相）のギブス自由エネルギーの差 $\Delta g^*_{A,LG}$ と置き換えることができ

$$\ln x_A = \frac{\Delta g^*_{A,LG}}{RT} \tag{10.19}$$

となる。両辺を温度で微分して7章のギブス・ヘルムホルツの関係（式(7.70)）を代入すると，純粋な溶媒Aの1モル当りの蒸発エンタルピー（蒸発熱）を用いた式が得られる。

$$\left(\frac{\partial \ln x_A}{\partial T}\right)_P = \left\{\frac{\partial}{\partial T}\left(\frac{\Delta g^*_{A,LG}}{RT}\right)\right\}_P = -\frac{\Delta h^*_b}{RT^2} \tag{10.20}$$

ここで両辺を温度で積分する。積分範囲は純粋な溶媒Aの沸点である T^*_b から成分Bを添加した溶液の沸点 T_b までとすると

$$\int_0^{\ln x_A}\left(\frac{\partial \ln x_A}{\partial T}\right)_P dT = \int_0^{\ln x_A} d(\ln x_A) = -\int_{T^*_b}^{T_b}\frac{\Delta h^*_b}{RT^2}dT$$

$$\therefore \quad \ln x_A = \frac{\Delta h^*_b}{R}\left(\frac{1}{T_b}-\frac{1}{T^*_b}\right) = -\frac{\Delta h^*_b}{R}\left(\frac{T_b-T^*_b}{T_b T^*_b}\right) \tag{10.21}$$

さらに，沸点の変化があまり大きくない（$T^*_b \approx T_b$）と仮定すれば，右辺の括弧の中の分母の $T_b T^*_b$ を純粋なAの沸点 T^*_b の2乗で置き換えてよいだろう。また希薄な溶液（$x_A \approx 1$）であるから $x_B \ll 1$ であり，そのとき

$$\ln x_A = \ln(1-x_B) \approx -x_B$$

であるから，沸点上昇 $\Delta T_b = T_b - T^*_b$ は

$$\Delta T_b = \frac{x_B RT^{*2}_b}{\Delta h^*_b} \tag{10.22}$$

となり，純粋状態のAの蒸発熱と沸点，および添加するBのモル分率で表される。ここで注意すべきは，この式で溶質に関する量はモル分率のみであり，溶質固有の熱力学量が入っていない点である。すなわち，溶質が不揮発性かつ均一に溶解するものであれば，どんな物質であっても溶質のモル分率に比例して同じ沸点上昇を示すことになる。

水と食塩の場合のように，溶媒が凝固する際に溶質と混じり合わず，純粋な溶媒のみが固体になる場合，溶液の凝固点は純粋な溶媒の凝固点よりも低い温

度になる。これを**凝固点降下**という。溶液が凝固するとき，純粋な A の固体の化学ポテンシャルと溶液の溶媒 A の化学ポテンシャルが等しくなるので

$$\mu^*_{A,Solid} = \mu_{A,Soln} \tag{10.23}$$

が成り立つ。溶液が十分に希薄であり，ラウール則が成り立つとすると，ここでも

$$\mu_{A,Soln} = \mu^*_{A,Liq} + RT \ln x_A \tag{10.24}$$

が使用できる。さきほどとほぼ同じ議論から，凝固点に関わる以下の式を得ることができる。

$$\Delta T_m = T_m - T^*_m = -\frac{x_B R T^{*2}_m}{\Delta h^*_m} \tag{10.25}$$

なお，Δh^*_m は純粋な溶媒 A の 1 モル当りの融解（固体→液体）のエンタルピーであるが，ここでは液体から固相が析出するときのエンタルピー変化を考えたため，マイナス符号がつけられている。$\Delta h^*_m > 0$ であるから $\Delta T_m < 0$ となり，溶液の凝固点は純粋な場合よりも低くなることがわかる。

純粋な物質 A の気相，液相，固相の化学ポテンシャルの温度依存性を模式的に示すと，**図 10.5** のようになる。気相と液相が共存するとき両相の化学ポテンシャルは等しくなるので，共存する温度，すなわち沸点は図の気相と液相

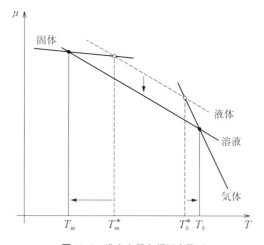

図 10.5　沸点上昇と凝固点降下

の化学ポテンシャルの交点の温度となる。同様に液相と固相の化学ポテンシャルの交点の温度が融点である。Aの液相に対して不揮発性の物質を添加すると，Aを溶媒とした溶液となり，溶媒の化学ポテンシャルは純粋なAのときよりも必ず低くなる。低くなった溶媒の化学ポテンシャルと固相および液相の化学ポテンシャルの交点を見れば，沸点が上昇し凝固点が降下する理由は明らかである。

10.5 浸 透 圧

　溶媒は透過するが溶質は透過しないような特殊な膜を**半透膜**と呼ぶ。半透膜を隔てて，純粋な溶媒と溶液を接触させたとき，純粋な溶媒側から溶液へ溶媒分子が移動する。例えば，**図 10.6**（a）のようにU字型の管の底に半透膜を置き，一方に純粋な溶媒を，もう一方に溶液を入れると，溶媒分子の移動により水面に高低差が生じ，純粋な溶媒と溶液に圧力差が生じているように見える。この圧力差を**浸透圧**と呼ぶ。浸透圧 Π は，溶液のモル濃度 C との間に以下の関係がある。

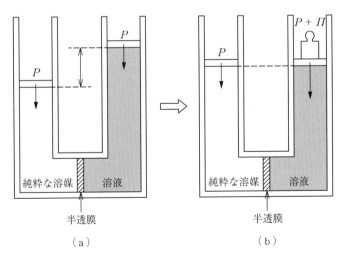

図 10.6 浸透圧の測定法

$$\Pi = CRT \tag{10.26}$$

この関係についても，溶液の化学ポテンシャルと平衡の概念を用いて説明することができる．まず，話を簡単にするために系を溶媒Aと溶質Bの二成分系の希薄な溶液とし，図（b）のように，溶液側の蓋の上に適当な重さの重りを乗せてU字管の両側の水面の高さを合わせたとしよう．このとき，純粋な溶媒には大気圧Pがかかっており，溶液には，大気圧と重りにより加えられる圧力を合わせた圧力$P + \Pi$がかかっている．U字管の左右の水面の高さに変化がなければ，この系は平衡であり，純粋な溶媒Aの化学ポテンシャルと溶液中の溶媒Aの化学ポテンシャルには以下の関係が成り立つ．

$$\mu_A^*(P) = \mu_{A, Soln}(P + \Pi) \tag{10.27}$$

なお，溶液と純粋な溶媒とで圧力が異なることを明示するため，括弧の中に圧力を記している．ここで，溶液中の溶媒Aの化学ポテンシャルは，溶液のモル分率とPおよびΠを用いて以下のように書くことができる．

$$\mu_{A, Soln}(P + \Pi) = \mu_{A, Liq}^*(P + \Pi) + RT \ln x_A \tag{10.28}$$

右辺の第1項については，純物質の化学ポテンシャルが1モル当りのギブス自由エネルギーであることを利用すると，温度が一定のとき

$$\mu(P) = g(P) = -sdT + vdP = vdP$$

であるから，両辺をPから$P + \Pi$まで積分して

$$\mu_A^*(P + \Pi) - \mu_A^*(P) = \int_P^{P+\Pi} v_A dP = v_A \Pi$$

$$\therefore \quad \mu_A^*(P + \Pi) = \mu_A^*(P) + v_A \Pi \tag{10.29}$$

これらの式をまとめると

$$\mu_A^*(p) = \mu_A^*(p) + v_A \Pi + RT \ln x_A$$
$$v_A \Pi = -RT \ln x_A \tag{10.30}$$

また

$$\ln x_A = \ln(1 - x_B) \cong -x_B$$

であり，さらに希薄溶液を仮定しているので

$$n = n_A + n_B \cong n_A$$

$$V = V_A + V_B \cong V_A = n_A v_A$$

が成り立つとすれば，最終的に以下のような式を得る．

$$n_B RT \cong V\Pi \tag{10.31}$$

なお，溶質のモル濃度を $C = n_B/V$ とすれば，この章の最初に示した式 (10.26) が得られる．体積のわかっている溶媒 A に対して希薄な溶液になるように秤量した溶質 B を加え，そのときの浸透圧を測定すると溶質の分子量を求めることができる．高分子やタンパク質のような大きな分子の分子量を求める際に用いられる．

10.6 部分モル量

2種類以上の物質を混合した系の状態量は，各成分の純粋状態の状態量の組成平均には必ずしもならない．例えば，水 50 cc とエタノール 50 cc を混合すると，その体積は 100 cc にはならず，それよりも小さな体積（約 98 cc）になる．実際の溶液の熱力学量を扱う場合，化学ポテンシャルについては活量を使うのが便利であるが，それ以外の熱力学量については以下の部分モル量が便利である．

部分モル量は，温度 T と圧力 P を一定にした条件において，示量性の状態量を成分のモル数で偏微分した量である．例えば，二成分系（成分 A, B）における体積について，系の体積は成分 A のモル数 n_A と成分 B のモル数 n_B を変数として

$$V = V(T, P, n_A, n_B) \tag{10.32}$$

である．温度 T と圧力 P が一定の条件において，体積の微分量は以下のよう書かれる．

$$dV = \left(\frac{\partial V}{\partial n_A}\right)_{T,P} dn_A + \left(\frac{\partial V}{\partial n_B}\right)_{T,P} dn_B$$

それぞれの成分の部分モル量は以下のように定義されるので

$$\overline{V}_A = \left(\frac{\partial V}{\partial n_A}\right)_{T,P} \tag{10.33}$$

$$\overline{V}_B = \left(\frac{\partial V}{\partial n_B}\right)_{T,P} \tag{10.34}$$

これを用いると先ほどの式は以下のようになる。

$$dV = \overline{V}_A dn_A + \overline{V}_B dn_B \tag{10.35}$$

一方,温度と圧力を一定にしておいて各成分のモル数を α 倍にすると,混合系の体積は元の体積の α 倍になるので

$$\alpha V(T, P, n_A, n_B) = V(T, P, \alpha n_A, \alpha n_B) \tag{10.36}$$

である。両辺を α で偏微分すると

$$\begin{aligned}V(T, P, n_A, n_B) &= \left\{\frac{\partial(\alpha n_A)}{\partial \alpha}\right\}_{T,P,n_B}\left\{\frac{\partial V}{\partial(\alpha n_A)}\right\}_{T,P,n_B} + \left\{\frac{\partial(\alpha n_B)}{\partial \alpha}\right\}_{T,P,n_A}\left\{\frac{\partial V}{\partial(\alpha n_B)}\right\}_{T,P,n_A} \\ &= n_A\left\{\frac{\partial V}{\partial(\alpha n_A)}\right\}_{T,P,n_B} + n_B\left\{\frac{\partial V}{\partial(\alpha n_B)}\right\}_{T,P,n_A}\end{aligned} \tag{10.37}$$

ここで,$\alpha = 1$ とおくと

$$V(T, P, n_A, n_B) = n_A\left(\frac{\partial V}{\partial n_A}\right)_{T,P,n_B} + n_B\left(\frac{\partial V}{\partial n_B}\right)_{T,P,n_A} = n_A\overline{V}_A + n_B\overline{V}_B \tag{10.38}$$

ここで,T と P が一定の条件で V の全微分をつくると

$$dV = \overline{V}_A dn_A + n_A d\overline{V}_A + \overline{V}_B dn_B + n_B d\overline{V}_B \tag{10.39}$$

となり,先の式 (10.35) との比較から

$$n_A d\overline{V}_A + n_B d\overline{V}_B = 0 \tag{10.40}$$

でなければならないことがわかる。エントロピーや内部エネルギーについても同様にして部分モル量が定義され,その関係式が示される。

体積を例にして,部分モル量を具体的に求める方法を考えよう。式の両辺を混合系の全分子のモル数で割って1モル当りの量にすると

$$\begin{aligned}d\left(\frac{V}{n_A + n_B}\right) &= \overline{V}_A d\left(\frac{n_A}{n_A + n_B}\right) + \overline{V}_B d\left(\frac{n_B}{n_A + n_B}\right) \\ dv &= \overline{V}_A dx_A + \overline{V}_B dx_B\end{aligned} \tag{10.41}$$

ここで，v は混合系のモル体積（成分の分子1モル当りの平均の体積）であり $v = V/(n_A + n_B)$ である。また，x_A と x_B はモル分率である。モル分率の定義から $x_A + x_B = 1$ であるから $-dx_A = dx_B$ であり，したがって

$$dv = (-\overline{V}_A + \overline{V}_B)dx_B \tag{10.42}$$

この両辺に x_A を掛けて整理すると

$$\begin{aligned}x_A \frac{dv}{dx_B} &= -x_A \overline{V}_A + x_A \overline{V}_B = -x_A \overline{V}_A + (1-x_B)\overline{V}_B \\ &= -(x_A \overline{V}_A + x_B \overline{V}_B) + \overline{V}_B = -v + \overline{V}_B\end{aligned} \tag{10.43}$$

したがって

$$\overline{V}_B = v + x_A \frac{dv}{dx_B} = v + (1-x_B)\frac{dv}{dx_B} \tag{10.44}$$

同様にして

$$\overline{V}_A = v + x_B \frac{dv}{dx_A} = v - x_B \frac{dv}{dx_B} \tag{10.45}$$

となる。

　図 **10.7** は，横軸に成分 B のモル分率をとったときの混合系のモル体積の模式図であるが，この図からわかるように，ある組成（モル分率）における各成分の部分モル体積は，モル体積の曲線に接線を引き，それが左右の縦軸と交わ

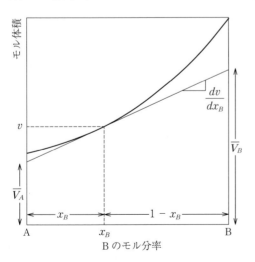

図 10.7 部分モル体積の求め方

エンタルピーや自由エネルギーなどについても同様にして部分モル量を求めることができるが，これらの量は熱力学的に絶対値を決めることが困難であることから，適当な状態を基準としてそれからの差を相対的部分モル量として考えることがよく行われる。基準となる系としては，純粋状態や無限希釈状態が選ばれる。例としてエンタルピーについて純粋状態を基準にした場合，1モル当りの相対**部分モルエンタルピー**は以下のように表される。

$$\Delta h_A = \overline{H_A} - h_A^0, \quad \Delta h_B = \overline{H_B} - h_B^0$$

ここで，h_A^0 は純粋状態における1モル当りのエンタルピーである。混合系の実際のエンタルピーを h とし，純物質の組成の平均を $h^0 = x_A h_A^0 + x_B h_B^0$ とすると，混合系の相対的なエンタルピー変化 Δh は

$$\begin{aligned}
\Delta h &= h - h^0 \\
&= (x_A \overline{H_A} + x_B \overline{H_B}) - (x_A h_A^0 + x_B h_B^0) \\
&= x_A(\overline{H_A} - h_A^0) + x_B(\overline{H_B} - h_B^0) \\
&= x_A \Delta h_A + x_B \Delta h_B
\end{aligned} \tag{10.46}$$

と表すことができる。部分モルギブス自由エネルギーは特に重要であり，その定義から溶液における各成分の化学ポテンシャルと等しくなる。

10.7 理想溶液と過剰量

理想溶液とは10.3節で述べたように全組成範囲においてラウール則が成り立つような溶液のことであった。この理想溶液について，いくつかの熱力学量について混合前と混合後の変化を調べてみよう。AとBの二成分系の溶液について，ラウール則から溶液内のそれぞれの成分の化学ポテンシャルは以下のように表される。

$$\mu_A = \mu_A^* + RT \ln x_A, \quad \mu_B = \mu_B^* + RT \ln x_B$$

ここで，x_A, x_B はそれぞれの成分のモル分率，μ_A^*, μ_B^* はそれぞれの成分の純粋状態の液体の化学ポテンシャルである。

10.7 理想溶液と過剰量

これを用いて溶液のギブス自由エネルギー G を表すと

$$\begin{aligned}
G &= n_A \mu_A + n_B \mu_B \\
&= n_A \mu_A^* + n_B \mu_B^* + RT(n_A \ln x_A + n_B \ln x_B) \\
&= G_A^* + G_B^* + RT(n_A \ln x_A + n_B \ln x_B)
\end{aligned} \qquad (10.47)$$

となる。n_A, n_B はそれぞれの成分のモル数である。溶液の体積は，ギブス自由エネルギーを圧力で偏微分すると得られるので

$$\begin{aligned}
V &= \left(\frac{\partial G}{\partial P}\right)_{T, n_A, n_B} \\
&= \left(\frac{\partial G_A^*}{\partial P}\right)_{T, n_A, n_B} + \left(\frac{\partial G_B^*}{\partial P}\right)_{T, n_A, n_B} \\
&\quad + \left\{\frac{\partial}{\partial P} RT(n_A \ln x_A + n_B \ln x_B)\right\}_{T, n_A, n_B} \\
&= V_A^* + V_B^* = n_A v_A^* + n_B v_B^* = V^{ID}
\end{aligned} \qquad (10.48)$$

となる。v_A^* と v_B^* は，それぞれの成分の純粋状態における 1 モル当りの体積である。これは**理想溶液**（ideal solution）の体積の式であるから，熱力学量の右肩に ID をつけて表すことにする。

つづいて溶液のエンタルピーを求める。エンタルピーはギブス・ヘルムホルツの関係から計算できるので

$$\begin{aligned}
\frac{H}{T^2} &= -\left\{\frac{\partial}{\partial T}\left(\frac{G}{T}\right)\right\}_{P, n_A, n_B} = \frac{H_A^*}{T^2} + \frac{H_B^*}{T^2} \\
H &= H_A^* + H_B^* = n_A h_A^* + n_B h_B^* = H^{ID}
\end{aligned} \qquad (10.49)$$

である。同様に熱力学の関係式を利用して，内部エネルギーやヘルムホルツ自由エネルギーについても以下の式を得ることができる。

$$U = U_A^* + U_B^* = n_A u_A^* + n_B u_B^* = U^{ID} \qquad (10.50)$$

$$F = F_A^* + F_B^* = n_A f_A^* + n_B f_B^* = F^{ID} \qquad (10.51)$$

エントロピーについては，以下のようになる。

$$\begin{aligned}
S &= -\left(\frac{\partial G}{\partial T}\right)_{P, n_A, n_B} \\
&= -\left(\frac{\partial G_A^*}{\partial T}\right)_{P, n_A, n_B} - \left(\frac{\partial G_B^*}{\partial T}\right)_{P, n_A, n_B}
\end{aligned}$$

$$-\left\{\frac{\partial}{\partial T}RT(n_A\ln x_A + n_B\ln x_B)\right\}_{P, n_A, n_B}$$
$$= S_A^* + S_B^* - R(n_A\ln x_A + n_B\ln x_B)$$
$$= n_A s_A^* + n_B s_B^* - R(n_A\ln x_A + n_B\ln x_B) = S^{ID} \tag{10.52}$$

エントロピーの場合のみ混合することによる増加量が現れ、さらに5章で述べた理想気体を混合したときのエントロピーの変化量 ΔS_{mix}（式 (5.70)）と同じ形をしていることに注意しよう。理想気体や理想溶液の混合によるエントロピーの増加であることから、この増加量を**理想混合のエントロピー変化**と呼び

$$\Delta S_{mix}^{ID} = -R(n_A\ln x_A + n_B\ln x_B) \tag{10.53}$$

と表す。

一般的な溶液の熱力学量を表す際に、以下のように理想溶液を基準として、そこからの差を過剰量として考えることがよく行われる。

$$U = U^{ID} + \Delta U^{EX}, \qquad V = V^{ID} + \Delta V^{EX},$$
$$S = S^{ID} + \Delta S^{EX}, \qquad G = G^{ID} + \Delta G^{EX}$$

過剰（excess）の意味で、右肩にEXを付記している。温度 T が一定であるとき、ΔG^{EX} はエンタルピー項とエントロピー項に分けることができる。

$$\Delta G^{EX} = \Delta H^{EX} - T\Delta S^{EX} \tag{10.54}$$

この**過剰エンタルピー**と**過剰エントロピー**（もしくは**過剰の混合エントロピー**）に着目すると、実際の溶液を以下のように分類することができる。

  理 想 溶 液：$\Delta H^{EX} = 0$, $\Delta S^{EX} = 0$ ($\Delta S_{mix} = \Delta S_{mix}^{ID}$) (10.55)
  正 則 溶 液：$\Delta H^{EX} \neq 0$, $\Delta S^{EX} = 0$ ($\Delta S_{mix} = \Delta S_{mix}^{ID}$) (10.56)
  無 熱 溶 液：$\Delta H^{EX} = 0$, $\Delta S^{EX} \neq 0$ ($\Delta S_{mix} \neq \Delta S_{mix}^{ID}$) (10.57)
  一般的な溶液：$\Delta H^{EX} \neq 0$, $\Delta S^{EX} \neq 0$ ($\Delta S_{mix} \neq \Delta S_{mix}^{ID}$) (10.58)

正則溶液は、同種もしくは異種の分子間に引力や斥力が働くが、混合のエントロピーについては理想溶液に近いような溶液の熱力学的なモデルであり、溶融した合金に対するよい近似となっている。無熱溶液は、分子間の力は考える必要がないが、エントロピーについては理想溶液から大きく外れるような溶液のモデルであり、分子サイズが大きく異なるような有機物の混合系のよい近似と

なる。

10.8 合金状態図と正則溶液モデル

A–B の二成分合金系において，各成分の純粋状態の結晶構造が同じでその格子定数が比較的近く，また A–B 間に化学結合などの強い相互作用がない場合，全組成範囲でそれぞれの成分が完全に混じり合った結晶相が生じる。このような合金系を**完全固溶体**（または全率固溶体，8.3 節参照）と呼び，Ag-Au，Si-Ge，Cu-Ni などが代表的な合金系として挙げられる。典型的な完全固溶体は 8 章の図 8.10 に示したような二元系状態図を示し，ある温度において異なる組成の液相と固相が平衡状態になる。これを先ほどの式 (10.56) の正則溶液の近似（**Bragg-Williams 近似**）を用いて説明してみよう。

まず，圧力一定（多くの場合 1 気圧）の条件を前提とし，純粋な A と B から合金ができたときのエネルギーの変化（エンタルピーの変化）を考えよう。これは，反応熱の場合と同じであり，合金のエンタルピーは**混合熱**とも呼ばれる。合金の全原子数を N 個とし，そのうち成分 A の原子が N_A 個，成分 B の原子が N_B 個であるとする。合金の結晶構造を考えたとき，ある原子の周りにある最も近い距離の原子の数（最近接原子数）を z とすると，A と A が隣り合っている数 P_{AA} は

$$P_{AA} = \frac{1}{2} N_A z x_A = \frac{1}{2} N z x_A^2 \tag{10.59}$$

となる。同様にして B と B が隣り合う数 P_{BB}，A と B が隣り合う数 P_{AB} は

$$P_{BB} = \frac{1}{2} N_B z x_B = \frac{1}{2} N z x_B^2 \tag{10.60}$$

$$P_{AB} = N_A z x_B + N_B z x_A = N z x_A x_B \tag{10.61}$$

となる。

最近接原子間の相互作用エネルギー（結合エネルギー）を $\varepsilon_{AA}, \varepsilon_{BB}, \varepsilon_{AB}$ とする。これらの結合エネルギーは，原子間の引力により結晶構造が安定化するこ

とを示す量であり，一般的にマイナスの値をもつ．合金になることによるエネルギー（エンタルピー）の変化は

$$H = P_{AA}\varepsilon_{AA} + P_{BB}\varepsilon_{BB} + P_{AB}\varepsilon_{AB}$$
$$= \frac{1}{2}Nzx_A^2\varepsilon_{AA} + \frac{1}{2}Nzx_B^2\varepsilon_{BB} + Nzx_Ax_B\varepsilon_{AB} \tag{10.62}$$

ここで

$$x_A^2 = x_A - x_A(1 - x_A) = x_A - x_Ax_B \tag{10.63}$$

であるから

$$H = \left(\frac{1}{2}Nz\varepsilon_{AA}\right)x_A + \left(\frac{1}{2}Nz\varepsilon_{BB}\right)x_B + Nz\left(\varepsilon_{AB} - \frac{\varepsilon_{AA} + \varepsilon_{BB}}{2}\right)x_Ax_B \tag{10.64}$$

ここで，右辺第1項の括弧内は，A-Aの結合エネルギーとAの最近接原子数だけで書かれており，純粋なAの結晶状態のエンタルピー H_A^* に等しく，同様に第2項の括弧内は純粋なBの結晶状態のエンタルピー H_B^* に等しい．第3項は正則溶液モデルにおいて合金系の特徴を表す量であり，**相互作用パラメータ**または**オーダーパラメータ**と呼ばれる．これを ε で表すと

$$\varepsilon = Nz\left(\varepsilon_{AB} - \frac{\varepsilon_{AA} + \varepsilon_{BB}}{2}\right) \tag{10.65}$$

となる．この相互作用パラメータは，同種原子間（A-AやB-B）の結合エネルギーと異種原子間（A-B）の結合エネルギーの相対的な大小関係を表している．これらの量を用いると，正則溶液モデルの合金のエンタルピーは

$$H = H^{id} + \Delta H^{ex} = H_A^*x_A + H_B^*x_B + \varepsilon x_Ax_B \tag{10.66}$$

と書くことができる．

正則溶液のエントロピーは理想溶液のエントロピーと等しいため，$\Delta S_{mix} = \Delta S_{mix}^{id}$ であり

$$S = S_A^*x_A + S_B^*x_B - R(x_A\ln x_A + x_B\ln x_B) \tag{10.67}$$

である．したがって，エンタルピーとエントロピーが得られたので，これらを用いてギブス自由エネルギーを求めると

10.8 合金状態図と正則溶液モデル

$$G = H - TS$$
$$= (H_A^* - TS_A^*)x_A + (H_B^* - TS_B^*)x_B + \varepsilon x_A x_B$$
$$+ RT(x_A \ln x_A + x_B \ln x_B)$$
$$= G_A^* x_A + G_B^* x_B + \Delta G_{BW} \tag{10.68}$$

$$\Delta G_{BW} = \Delta H^{EX} - T\Delta S_{mix}^{ID} = \varepsilon x_A x_B + RT(x_A \ln x_A + x_B \ln x_B) \tag{10.69}$$

となる。

ここで，具体的な関数の形を見るために，仮想的な合金系を考え，$G_A^* = -5\,\mathrm{kJ/mol}$，$G_B^* = -7\,\mathrm{kJ/mol}$，$T = 1\,000\,\mathrm{K}$ としよう[†]。相互作用パラメータを変えたときの自由エネルギー G の形は，**図 10.8** に示すように，$\varepsilon = 0$ では理想溶液の場合に相等し，下に凸の形状となり，$\varepsilon < 0$ のとき，すなわち異種原子間（A-B）の引力が同種原子間（A-A および B-B）の引力よりも相対的に大きいとき，理想溶液よりも系の自由エネルギーは小さくなる。ある組成における各成分の化学ポテンシャルは，部分モル自由エネルギーを求めるのと同じようにして，その組成における接線を引き，その接線と $x_B = 0$ および $x_B = 1$ と

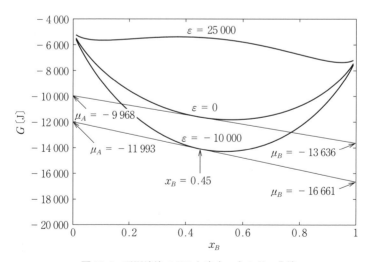

図 10.8 正則溶液モデルと自由エネルギー曲線

[†] 本来ならば，G の絶対値を決めることはできないが，ここではわかりやすさを優先して絶対値で計算している。

の交点から求めることができる。図 10.8 では $x_B = 0.45$ における接線と化学ポテンシャルを求めている。

$\varepsilon > 0$ のとき，すなわち同種原子間の引力が相対的に大きいとき，正則溶液のギブス自由エネルギーは**図 10.9** に示すように二つの極小をもつ特徴的な形状となる。さきほどと同じく $x_B = 0.45$ において G の接線 (1) を引くと，その組成の合金の成分 A, B の化学ポテンシャルを求めることができる。これは，$x_B = 0.45$ の単一相の自由エネルギーと各成分の化学ポテンシャルを示しており，それらの関係は以下のようになる。

$$G(0.45) = (1 - x_B^0)\mu_A + x_B^0 \mu_B$$
$$= (1 - 0.45) \times (-4\,906) + 0.45 \times (-6\,703) = -5\,431 \text{ [J]}$$
(10.70)

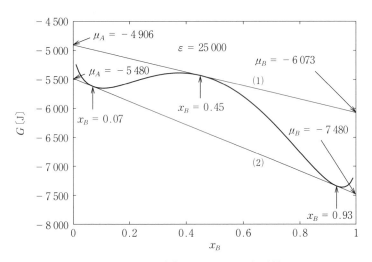

図 10.9 正則溶液モデルにおける相分離

この自由エネルギー曲線については，上記の他にも二つの極小の近くの二点 ($x_B = 0.07$ および 0.93) で接する接線 (2) を引くことができる。成分 B の濃度の低いほうを α 相と呼んでその組成を x_B^α とし，成分 B の濃度の高いほうを β 相と呼んでその濃度を x_B^β とする。α 相と β 相の成分 A の化学ポテンシャルは等しく接線 (2) の $x_B = 0$ の切片から求められて $\mu_A^\alpha = \mu_A^\beta = -5\,488$ J/mol で

あり，同様に成分Bの化学ポテンシャルは $\mu_B^\alpha = \mu_B^\beta = -7\,480\,\mathrm{J/mol}$ である。組成の異なる α 相と β 相の各成分の化学ポテンシャルが等しいということは，α 相と β 相が平衡状態で共存することを意味している。α 相と β 相の量比を求める際にこの原理を用いると，そのときの系の自由エネルギーは

$$G = \frac{x_B^\beta + x_B^0}{x_B^\alpha + x_B^\beta}\{G_A^*(1-x_B^\alpha) + G_A^* x_B^\alpha\} + \frac{x_B^0 + x_B^\alpha}{x_B^\alpha + x_B^\beta}\{G_A^*(1-x_B^\beta) + G_A^* x_B^\beta\}$$
$$= -6\,380\,\mathrm{[J]} \tag{10.71}$$

となり，先ほどの単一相の自由エネルギーよりも小さな値となる。

温度と圧力が一定の条件において，ある系について二つの状態のギブス自由エネルギーを比較したとき，より自由エネルギーの小さな状態が安定状態として出現するが，上記の正則溶液の系に対しては，$x_B = 0.45$ の単一相よりも組成の異なる二相に分離したほうが，より安定な状態になることがわかる。すなわち，正則溶液モデルにおいて相互作用パラメータ $\varepsilon > 0$ のとき（同種原子間の結合のほうが相対的によいとき）溶液は組成の異なる二相に分離する傾向を示す。

ある温度（一般には高温）において，均一に溶解しているが，温度を変化させる（一般には下げる）に伴って組成の異なる二相に分離する溶液（例えば，フェノール―水など）や合金（Hg-Ga など）が存在する。このような溶液系は部分溶解を示す系と呼ばれるが，正則溶液を用いると，相互作用パラメータが温度の関数でありかつ $\varepsilon > 0$ のとき，このような状態図を（定性的にではあるが）よく表すことができる。

正則溶液モデルを用いて，完全固溶体系の二元状態図における固相線と液相線の関係を考えてみよう。まず固相の自由エネルギーであるが，先ほどと同様にエンタルピーに相互作用項を追加して

$$G^S = H^S - TS^S = G_A^* x_A^S + G_B^* x_B^S + \Delta G_{BW}^S \tag{10.72}$$

$$\Delta G_{BW}^S = \varepsilon^S x_A^S x_B^S + RT(x_A^S \ln x_A^S + x_B^S \ln x_B^S) \tag{10.73}$$

と書く。液相については，まず混合によるエントロピーの変化や相互作用パラメータは固相と液相で大きな変化がないと仮定する。つぎに，一般的な金属で

216   10. 溶　　　液

は2章の図2.4に示したように融解熱（潜熱）ΔH_m と融点 T_m の間に以下の関係があることが知られているので

$$\frac{\Delta H_m}{T_m} \approx R \tag{10.74}$$

簡単なモデルであることを考え，融解熱を温度で割ったものが気体定数 R に等しいとおいてしまうと，液相の各成分の純粋状態のエントロピーとエンタルピーは

$$S_A^L = S_A^S + \frac{\Delta H_m^A}{T_m^A} = S_A^S + R \tag{10.75}$$

$$S_B^L = S_B^S + \frac{\Delta H_m^B}{T_m^B} = S_B^S + R \tag{10.76}$$

$$H_A^L = H_A^S + \Delta H_m^A = H_A^S + RT_m^A \tag{10.77}$$

$$H_B^L = H_B^S + \Delta H_m^B = H_B^S + RT_m^B \tag{10.78}$$

と書くことができる。

したがって液相のエントロピー，エンタルピー，自由エネルギーは

$$\begin{aligned}
S^L &= S_A^L x_A^L + S_B^L x_B^L + \Delta S_m^L \\
&= (S_A^S + R)x_A^L + (S_B^S + R)x_B^L - R(x_A^L \ln x_A^L + x_B^L \ln x_B^L)
\end{aligned} \tag{10.79}$$

$$\begin{aligned}
H^L &= H_A^L x_A^L + H_B^L x_B^L + \Delta H_m^L \\
&= (H_A^S + RT_m^A)x_A^L + (S_B^S + RT_m^B)x_B^L + \varepsilon^L x_A^L x_B^L
\end{aligned} \tag{10.80}$$

$$\begin{aligned}
G^L &= H^L - TS^L \\
&= \{H_A^S - TS_A^S + R(T_m^A - T)\}x_A^L + \{H_B^S - TS_B^S \\
&\quad + R(T_m^B - T)\}x_B^L + \Delta G_{BW}^L \\
&= G_A^* x_A^L + G_B^* x_B^L + R(T_m^A - T)x_A^L + R(T_m^B - T)x_B^L + \Delta G_{BW}^L
\end{aligned} \tag{10.81}$$

$$\Delta G_{BW}^L = \varepsilon^L x_A^L x_B^L + RT(x_A^L \ln x_A^L + x_B^L \ln x_B^L) \tag{10.82}$$

となる。ここで，先ほどと同様に関数の形を見るために $G_A^* = -5\,\mathrm{kJ/mol}$，$G_B^* = -7\,\mathrm{kJ/mol}$，$T = 1\,000\,\mathrm{K}$ としよう。加えて，液相と固相で相互作用は変化しないとして $\varepsilon^S = \varepsilon^L = -10\,\mathrm{kJ}$ とし，純粋な成分 A の融点は $1\,200\,\mathrm{K}$，純粋な成分 B の融点は $700\,\mathrm{K}$ とする。この条件において温度を変えたときの

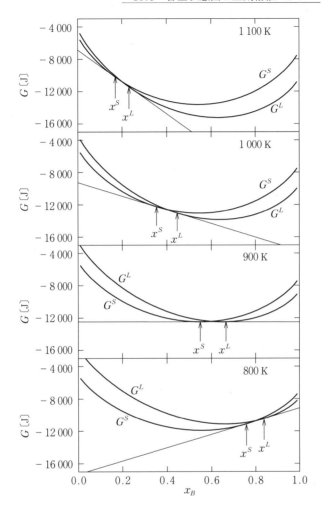

図 10.10 固溶体系の溶液と固相の自由エネルギー曲線

G^S と G^L を**図 10.10** に示す。

　成分 A の融点よりも高温では，すべての組成範囲において $G^L < G^S$ となり単一液相が安定相となる。$T_A > T > T_B$ の温度範囲では，G^S と G^L は交差し，共通接線を引くことができる。共通接線と G^S, G^L のそれぞれの接点が平衡状態で共存する固相と液相の組成に対応する。成分 A の融点から温度を下げるに従い，G^S と G^L の交差する点が成分 B の濃度の高い側に移動し，共通接線

の接点も成分Bの濃度の高い側に移動する．成分Bの融点よりも低温では，すべての組成において$G^S < G^L$となり，固相が安定相となる．この自由エネルギーの温度依存性から，各温度において共存する固相と液相の組成を求め，それを基に二成分状態図に書き直したものが**図10.11**である．

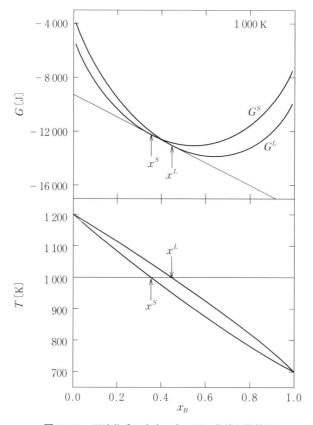

図10.11 固溶体系の自由エネルギー曲線と状態図

これはAg-Auのような典型的な完全固溶体の状態図とよく似た特徴を示す．実際の合金の自由エネルギーは，正則溶液のような単純なモデルでは表すことはできないが，別の方法で求めた活量係数など熱力学データから求めることが可能である．そのようにして求めた状態図は**計算状態図**と呼ばれている．

つぎにPb-Snのような共晶合金系について考えてみよう．定性的な特徴を

表すため,固相については正則溶液モデル（$\varepsilon > 0$）を用いて ω 型（相分離型）の自由エネルギー曲線を用い,溶液については理想溶液（$\varepsilon = 0$）を用いる。また,成分 A の融点を 1 200 K,成分 B の融点を 1 000 K とする。成分 A の自由エネルギーを -15 kJ,成分 B の自由エネルギーを -17 kJ とし,計算を簡単にするために温度に関係なく一定の値であるとした。温度を変えて固相と液相の自由エネルギー曲線を描き,その共通接線の接点を求めると**図 10.12** のよう

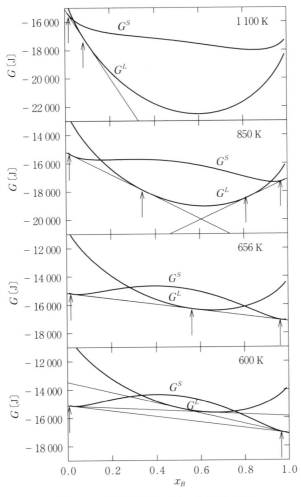

図 10.12 共晶合金系の自由エネルギー曲線

になる。成分Aの融点と成分Bの融点の間の温度では，固相と液相の自由エネルギー曲線に対して1本の共通接線を引くことができ，そのときの組成が，固相 α_A（成分Aの高濃度の固相）とそれと平衡になる溶液の組成に対応する。Bの融点よりも温度が下がると，固相と液相の自由エネルギー曲線に対して2本の共通接線を引くことができ，それぞれが固相 α_A と溶液，固相 α_B と溶液の組成に対応する。

共晶系では，ある温度において先ほどの2本の共通接線が一致し，二つの固相と溶液の三相が平衡になる。その組成と温度においてギブスの相律の自由度を求めると $f = 2 - 3 + 2 = 1$ となるが，はじめに圧力一定の条件を決めているため，この状態図上では自由度はゼロ，すなわち点として表される。これを**共晶点**と呼び，そのときの温度を**共晶温度**，その組成を**共晶組成**という。共晶温度以下では固相の自由エネルギー曲線に対する共通接線のみとなり，二つの固相が平衡となる。温度を連続的に変化させて，共通接線の接点の組成をつなげていくと，**図 10.13** に示すような共晶合金系の状態図が作成される。また，図 10.12 と図 10.13 の関係を T-x_B-G 空間で俯瞰的に見ると，**図 10.14** のようになる。

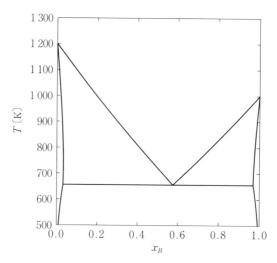

図 10.13 共晶合金系の状態図

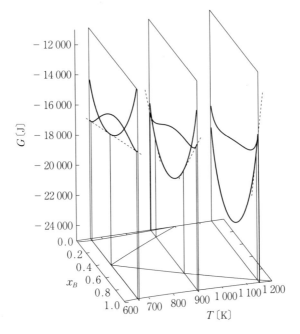

図10.14 T-x_B-G 空間で見た共晶合金系の自由エネルギー曲線と状態図

章 末 問 題

(10.1) 水とエタノールの溶液の密度を測定し，それぞれの成分の部分モル体積を求めなさい。

(10.2) 逆浸透圧法で海水から純水をつくるためには，どのくらいの圧力をかければよいか推定しなさい。

(10.3) 銅―スズ合金，銅―亜鉛合金の二元状態図を書きなさい。また2章で行った銅板の実験で起きたことについて，状態図を基に説明しなさい。

(10.4) 正則溶液モデルにおいて，相互作用パラメータや成分の融点などを変化させたときに，状態図がどのように変化するか実際に計算をして確かめなさい。

参 考 文 献

参　考　書

1) I.プリゴジーヌ，R.デフォイ：化学熱力学Ⅰ・Ⅱ，みすず書房（1966）
2) R.P.ファインマン：ファインマン物理学Ⅱ 光 熱 波動，岩波書店（1968）
3) 千葉善陸：化学熱力学演習，学献社（1973）
4) H.E.スタンリー：相転移と臨界現象，東京図書（1974）
5) G.C.ピメントル，R.D.スプラトレイ：化学熱力学，東京化学同人（1977）
6) P.グランスドルフ，イリヤ・プリゴジン：構造・安定性・ゆらぎ その熱力学的考察，みすず書房（1977）
7) H.B.キャレン：熱力学（上・下），吉岡書店（1978）
8) 堀内寿郎：化学熱力学講義，講談社（1979）
9) Y.マーカス：液体化学入門，化学同人（1982）
10) 渡辺 啓：演習化学熱力学［改訂版］，サイエンス社（1989）
11) 伊丹俊夫，江川 徹，井川駿一，飯田陽一，星野直美，河村純一，竹内 浩：物理化学基礎演習，三共出版（1992）
12) W.ゲプハルト，U.クライ：相転移と臨界現象，吉岡書店（1992）
13) 日本金属学会 編：現代の金属学 材料編2 ミクロ組織の熱力学，日本金属学会（1995）
14) 日本金属学会 編：金属化学入門シリーズ1 金属物理化学，日本金属学会（1996）
15) H.B.キャレン：熱力学および統計力学入門（上・下），吉岡書店（1998）
16) 三浦憲司，福富洋志，小野寺秀博：見方・考え方 合金状態図，オーム社（2003）
17) 和達三樹，十河 清，出口哲生：ゼロからの熱力学と統計力学，岩波書店（2005）
18) 清水 明：熱力学の基礎，東京大学出版会（2007）
19) 馬場敬之，高杉 豊：熱力学 キャンパスゼミ，マセマ出版社（2008）
20) 齊藤勝裕，浜井三洋：絶対わかる化学熱力学，講談社サイエンティフィク（2008）

21) 馬場敬之, 高杉 豊：演習熱力学 キャンパスゼミ, マセマ出版社 (2010)
22) 早稲田嘉夫, 大藏隆彦, 森 芳秋, 岡部 徹, 宇田哲也：矢澤彬の熱力学問題集, 内田老鶴圃 (2010)
23) 坂 公恭：材料系の状態図入門, 朝倉書店 (2012)
24) 中田宗隆：化学熱力学 基本の考え方15章, 東京化学同人 (2012)
25) 原田義也：化学熱力学, 裳華房 (2012)
26) 由井宏治：見える！使える！化学熱力学入門, オーム社 (2013)
27) 佐々木一夫：熱力学, 共立出版 (2013)
28) 中田宗隆：演習で学ぶ 化学熱力学, 裳華房 (2015)
29) 加藤雅治：入門 転位論, 新教科書シリーズ, 裳華房 (1999)

熱力学のデータ集

30) David R. Lide and H.P.R. Frederikse：CRC Handbook of Chemistry and Physics
31) O. Knacke, O. Kubaschewski and K. Hesselmann：Thermochemical Properites of Inorganic Substances (2nd ed.), Springer (1991)
32) 日本機械学会 編：流体の熱物性値集, 日本機械学会 (1983)
33) 国立天文台 編：理科年表, 丸善出版 (2017)
34) 日本金属学会 編：金属データブック 改訂4版, 丸善 (2004)
35) T.B. Massalski, H. Okamoto, P.R. Subramanian and L. Kacprazak：Binary Phase Diagrams 2nd edition, ASM International (1990)

索　　引

【あ】

圧縮機
　reciprocating compressor　11
圧縮率因子
　compressibility factor　30, 143
圧平衡定数
　equilibrium constant of pressure　38, 177
圧　力
　pressure　8
圧力方程式
　pressure equation　33
アボガドロ数
　Avogadro constant　9

【い】

位置エネルギー
　potential energy　5
一般的な溶液
　normal solution　210
インテグラル
　integral　47

【う】

運動エネルギー
　kinetic energy　5

【え】

永久機関
　perpetual motion machine　78
液　相
　liquid phase　195
エネルギー
　energy　1

エネルギー形式の基本方程式
　fundamental equation of energy　113
エネルギー等分配の法則
　equipartition of energy　166
エリンガムダイアグラム
　Ellingham diagram　186
エンタルピー
　enthalpy　118, 162
エントロピー
　entropy　90, 119
エントロピー形式の基本方程式
　fundamental equation of entropy　114
エントロピー増大の法則
　law of entropy increase　95, 97

【お】

オイラーの関係
　Euler's homogeneous function theorem　57
オーダーパラメータ
　order parameter　212
温　度
　temperature　6

【か】

開放系
　open system　61, 105
界面自由エネルギー
　free energy of interface　158
解離圧
　dissociation pressure　182

解離平衡
　dissociation equilibrium　182
化学合成
　chemical synthesis　174
化学平衡
　chemical equilibrium　37, 175, 181
化学ポテンシャル
　chemical potential　106, 139, 171, 195, 204
化学量論係数
　stoichiometric coefficient　175
可逆的
　reversible　97
可逆反応
　reversible reaction　37
過剰エンタルピー
　excess enthalpy　210
過剰エントロピー
　excess entropy　210
過剰の混合エントロピー
　excess entropy of mixing　210
過剰量
　excess quantity　210
加成性
　addictive property　10
加速度
　acceleration　4
活　量
　activity　199
過飽和
　oversaturation　157
過飽和蒸気圧の状態
　oversaturated vapor pressure　155
過飽和の状態
　oversaturated state　155

索　　　　　引　　225

カルノーサイクル
　Carnot cycle　　　85
過冷却
　undercooling　　28, 157
過冷却液体
　undercooled liquid
　　　　　　　156, 158
還元状態方程式
　reduced equation of state
　　　　　　　145
慣性の法則
　Newton's first law　4
完全固溶体
　complete solid solution
　　　　　　　211
完全固溶体系
　complete solid solution
　system　　　215
完全微分
　exact differential　57

【き】

気液平衡
　gas-liquid equilibrium　25
気　相
　gas phase　　　195
気体定数
　gas constant　　12
ギブス自由エネルギー
　Gibbs free energy
　　　　　121, 171, 209
ギブス・デュエムの関係
　Gibbs-Duhem relation
　　　　　　111, 125
ギブスの相律
　Gibbs phase rule　112, 113
ギブス・ヘルムホルツの
　関係
　Gibbs-Helmholtz relation
　　　　127, 178, 201, 209
逆反応
　reverse reaction　36
吸熱反応
　endothermal reaction
　　　　　　　35, 161
凝　固
　solidification　　26
凝固点
　freezing point　　26

凝固点降下
　depression of freezing
　point　　　35, 202
凝　縮
　condensation　　25
共晶温度
　eutectic temperature　220
共晶系
　eutectic system　153
共晶合金系
　eutectic alloys　218
共晶組成
　eutectic concentration
　　　　　　　220
共晶点
　eutectic point　153, 220
共存温度
　coexistence temperature
　　　　　　　152
共存線
　coexistence line　136
共存領域
　coexistence region　152
共役な関係
　conjugated relation　111
キルヒホッフの法則
　Kirchhoff's law　165

【く】

クラウジウス・クラペイ
　ロンの式
　Clausius-Clapeyron
　equation　　　141
クラウジウスの原理
　Clausius's principle　93
クラウジウスの不等式
　Clausius's inequality
　　　　　　　95, 98
クラペイロンの式
　Clapeyron's equation　141
グラム比熱
　gram heat capacity　65

【け】

計算状態図
　computational phase
　diagram　　　218
経　路
　process　　　15

結晶構造
　crystal structure　24, 33
原始関数
　primitive function　48

【こ】

合成関数
　composite function　50
剛体壁
　solid wall　　　60
効　率
　efficiency　　　88
古典核形成理論
　classical nucleation theory
　　　　　　　157
固溶体
　solid solution　151
孤立系
　isolated system　60
混合熱
　heat of mixing　211
混合のエントロピー
　entropy of mixing　102

【さ】

サイクル
　cycle　　　22, 77
三重点
　triple point　　138
酸素分圧
　oxygen partial pressure
　　　　　　　185
酸素ポテンシャル
　oxygen potential　185

【し】

示強性
　intensive property　10
示強性状態量
　intensive property of state
　　　　　　　108
仕　事
　work　　5, 66, 67, 86
始状態
　initial status　　15
自然な変数
　natural variable　110
室　温
　room temperature　7

索引

実験式
  empirical equation 168
質量作用の法則
  law of mass action 37
シャルルの法則
  Charles's law 11
自由エネルギー
  free energy 121, 173
自由エネルギー温度図
  free energy-temperature diagram 186
終状態
  final status 15
従属変数
  dependent variable 110
自由度
  degree of freedom 112, 150
ジュール
  Joule 5
準安定状態
  metastable state 155, 157
準静的な変化
  quasistatic change 80
常温
  room temperature 7
蒸気
  vapor 195
蒸気圧曲線
  vapor pressure curve 25
蒸気圧降下
  depression of vapor pressure 34
状態
  status 79
状態図
  phase diagram 136
状態図における"てこの原理"
  lever rule of phase diagram 153
状態方程式
  equation of state 13, 114
状態量
  status quantity 13, 76, 80
蒸発
  evaporation 25

蒸発エンタルピー
  enthalpy of evaporation 201
蒸発熱
  heat of evaporation 26, 168
蒸発のエントロピー
  entropy of evaporation 170
示量性
  extensive property 10
示量性状態量
  extensive property of state 108
浸透圧
  osmotic pressure 35, 203

【す】

垂直応力
  normal stress 9
水溶液
  aqueous solution 194
ステンレス合金
  stainless steel 40

【せ】

生成系
  product 175
生成熱
  heat of formation 36, 162
生成反応
  formation reaction 36
生成物
  product 35
正則溶液
  regular solution 210, 211
正反応
  forward reaction 36
積分記号
  symbol of integral 47
積分定数
  integral constant 48
絶対温度
  absolute temperature 7
絶対零度
  absolute zero 6
全圧
  total pressure 25
剪断応力
  share stress 9

銑鉄
  pig iron 40
潜熱
  latent heat 26
全微分
  total derivative 54
全率固溶体
  complete solid solution 151, 211

【そ】

相
  phase 25
相互作用パラメータ
  interaction parameter 212
相図
  phase diagram 136
相転移
  phase transition 25, 136
相転移温度
  phase transition temperature 25
相転移点
  phase transition point 25, 136
相変化
  phase transition 25
相変化のエントロピー
  entropy of phase transition 28
速度
  velocity 4
束縛エネルギー
  bound energy 121

【た】

対数関数
  logarithmic function 49
体積
  volume 9
体積変化による仕事
  work due to a volume change 71
対流
  convection 63

単原子理想気体の基本方程式
　fundamental equation of monoatomic ideal gas　115, 129
断熱自由膨張
　adiabatic free expansion　100
断熱壁
　adiabatic wall　60
断熱変化
　adiabatic change　82

【ち】

力
　force　5
中和熱
　heat of neutralization　36, 162

【て】

定圧比熱
　heat capacity at constant pressure　21, 65
定圧変化
　change of status at constant pressure　74
定積比熱
　heat capacity at constant volume　21, 65
定積分
　definite integral　47
定積変化
　change of status at constant volume　72
てこの原理
　lever rule　215
デルタ
　delta　44, 45

【と】

等温変化
　isothermal change　75
導関数
　derivative　46
逃散能
　fugacity　194
独立変数
　independent variable　110

トタン
　zinc coated steel　40
トルートンの規則
　Trouton's rule　28

【な】

内部エネルギー
　internal energy　20, 76, 78, 86, 117
なめらか
　smooth　44, 139

【に】

二元状態図
　phase diagram of binary system　151
ニュートン
　Sir Isaac Newtion　5
ニュートンの運動方程式
　Newtonian equation of motion　5

【ね】

ネイピア数
　Napier's constant　49
熱
　heat　63, 86
熱運動
　thermal motion　24
熱化学方程式
　thermochemical equation　35
熱機関
　heat engine　2, 22
熱電対
　thermocouple　7
熱伝導
　heat transfer　63
熱平衡
　thermal equilibrium　100
熱容量
　heat capacity　64
熱力学第一法則
　the first law of thermodynamics　20
熱力学第三法則
　the third law of thermodynamics　170

熱力学第ゼロ法則
　zeroth law of thermodynamics　64
熱力学第二法則
　the second law of thermodynamics　93, 95
熱力学的に許されない状態
　unstable state in thermodynamics　144, 154
熱力学ポテンシャル
　thermodynamic potential　185
燃焼熱
　heat of combustion　36, 162

【の】

濃度平衡定数
　equilibrium constant of concentration　37, 178

【は】

パスカル
　Pascal　8
発熱反応
　exothermal reaction　35, 161
半透膜
　semi-permeable membrane　35, 203
反応系
　reactant　175
反応熱
　heat of reaction　35, 162
反応の自由エネルギー変化
　free energy of reaction　177
反応の進行度
　progress of reaction　175
反応物
　reactant　35
反応容器
　reaction vessel　174

【ひ】

非水溶液
　nonaqueous solution　194
歪みエネルギー
　strain energy　34

比　熱
　specific heat capacity
　　　　　　　　　　21, 64
比熱比
　heat capacity ratio　22, 83
微　分
　differential　45
微分演算子
　differential operator　46
微分係数
　differential coefficient　45
標準エントロピー
　standard entropy　170
標準状態
　standard state　8, 162, 172
標準生成エンタルピー
　standard enthalpy of
　　formation　164, 171
標準生成エントロピー
　standard entropy of
　　formation　171
標準生成ギブス自由エネル
　ギー
　standard free energy of
　　formation　171
標準生成自由エネルギー
　standard free energy of
　　formation　182
標準生成熱
　standard heat of forma-
　　tion　162
表面エネルギー
　energy of surface　158
表面自由エネルギー
　free energy of surface　158
ビリアル展開
　virial expansion　143
非力学的仕事
　non-mechanical work　120

【ふ】

負圧の状態
　state of negative pressure
　　　　　　　　　　156
ファンデルワールス状態
　方程式
　van der Waals equation of
　　state　142

ファント・ホッフの式
　van't Hoff's equation　178
不可逆
　irreversible　98
輻　射
　radiation　63
物質の三態
　the three phases of matter
　　　　　　　　　　25
沸　点
　boiling point　26
沸点上昇
　elevation of boiling point
　　　　　　　　34, 200
沸　騰
　boil　26
不定積分
　indefinite integral　48
部分系
　subsystem　93
部分積分
　partial integration　49
部分モルエンタルピー
　partial molar enthalpy　208
部分モル量
　partial molar quantity　205
ブリキ
　tin plate　40
分　圧
　partial pressure　25
分解反応
　decomposition reaction　36
分子間力
　intermolecular force　24

【へ】

平　衡
　equilibrium　204
平衡状態
　equilibrium state　79, 97
平衡定数
　equilibrium constant　37
閉鎖系
　closed system　61
ヘスの法則
　Hess's law　36, 163
ヘルムホルツ自由エネル
　ギー
　Helmholtz free energy　121

変曲点
　inflection point　143
変数分離
　separation of variables　83
偏導関数
　partial derivative　52
偏微分
　partial differential　52
ヘンリー則
　Henry's law　34, 197, 199
ヘンリー定数
　Henry constant　198

【ほ】

ポアソンの関係
　Poisson's relation　22
ポアソンの式
　Poisson's relation　84, 89
ボイル・シャルルの法則
　combined gas law　12
ボイルの法則
　Boyle's law　11
飽和蒸気圧
　saturated vapor pressure
　　　　　　　　　　25
飽和状態
　saturation state　25
飽和濃度
　concentration of saturated
　　solution　34
飽和溶液
　saturated solution　34
ボルツマン定数
　Boltzmann constant　19

【ま】

マイヤーサイクル
　Mayer cycle　77, 91
マイヤーの関係
　Mayer's relation　22, 83
マイヤーの式
　Mayer's relation　75
マクスウェルの関係式
　Maxwell relation　126
マクスウェルの規則
　Maxwell's rule　146, 149

索　引

【み】
密閉壁
　closed wall　　　60

【む】
無熱溶液
　athermal solution　　210

【も】
モル
　mole　　　9
モル体積
　molar volume　　　11
モル比熱
　molar heat capacity　21, 65
モル分率
　mole fraction　　103

【ゆ】
融解
　melting　　　26
融解熱
　heat of fusion　　26, 168
融解のエントロピー
　entropy of fusion　　170
有効圧力
　effective pressure　　194
融点
　melting point　　　26

【よ】
溶液
　solution　　34, 195
溶解
　dissolution　　　34
溶解熱
　heat of solution　36, 162
溶解平衡
　solution equilibria　　34
溶質
　solute　　　34, 194
溶媒
　solvent　　　34, 194

【ら】
ラウール則
　Raoult's law
　　　34, 196, 198, 200, 202
ラウンド
　round　　　53

【り】
リカレッセンス
　recalescence　　157
力学的仕事
　mechanical work　　120
力学平衡
　dynamical equilibrium　100
理想気体
　ideal gas　　　12
理想気体の状態方程式
　ideal gas law　　　13
理想混合のエントロピー変化
　entropy of ideal mixing
　　　210

理想溶液
　ideal solution
　　　197, 208, 209, 210
リチャーズの法則
　Richards' law　　28
臨界圧力
　critical pressure　　143
臨界温度
　critical temperature　143
臨界核半径
　critical nucleation radius
　　　160
臨界体積
　critical volume　　143
臨界点
　critical point　　138, 143

【る】
ルシャトリエの原理
　Le Chatelier principle
　　　38, 179

【欧文】
Bragg-Williams 近似
　Bragg-Williams approximation　　211
d　　　80
δ　　　44, 80
Δ　　　44, 80

───著者略歴───

- 1990年 北海道大学理学部化学第二学科卒業
- 1992年 北海道大学大学院修士課程修了（化学第二専攻）
- 1996年 博士（理学）（北海道大学）
- 1996年 宇宙開発事業団
- ～
- 2003年
- 2003年 宇宙航空研究開発機構助手
- 2007年 芝浦工業大学講師
- 2010年 芝浦工業大学准教授
- 2013年 芝浦工業大学教授
- 現在に至る

材料の熱力学 入門
An Introduction to the Thermodynamics in Materials　　Ⓒ Tadahiko Masaki 2019

2019 年 1 月 11 日　初版第 1 刷発行　　　　　　　　　　　　　　　　　★

検印省略	著　者	正　木　匡　彦
	発行者	株式会社　コロナ社
		代表者　牛来真也
	印刷所	新日本印刷株式会社
	製本所	有限会社　愛千製本所

112-0011　東京都文京区千石 4-46-10
発行所　株式会社　コロナ社
CORONA PUBLISHING CO., LTD.
Tokyo Japan
振替00140-8-14844・電話(03)3941-3131(代)
ホームページ　http://www.coronasha.co.jp

ISBN 978-4-339-06648-7　　C3043　　Printed in Japan　　　　　　（金）

JCOPY <出版者著作権管理機構 委託出版物>
本書の無断複製は著作権法上での例外を除き禁じられています。複製される場合は，そのつど事前に，出版者著作権管理機構（電話 03-5244-5088, FAX 03-5244-5089, e-mail: info@jcopy.or.jp）の許諾を得てください。

本書のコピー，スキャン，デジタル化等の無断複製・転載は著作権法上での例外を除き禁じられています。購入者以外の第三者による本書の電子データ化及び電子書籍化は，いかなる場合も認めていません。
落丁・乱丁はお取替えいたします。